监理工程师
同步章节必刷题
建设工程合同管理

环球网校监理工程师考试研究院　主编

严格按照全新考试大纲编写

克题制胜 1

东南大学出版社
SOUTHEAST UNIVERSITY PRESS
·南京·

图书在版编目(CIP)数据

建设工程合同管理/环球网校监理工程师考试研究院主编.—南京:东南大学出版社,2023.11
(监理工程师同步章节必刷题)
ISBN 978-7-5766-0897-7

Ⅰ.①建… Ⅱ.①环… Ⅲ.①建筑工程—经济合同—管理—资格考试—习题集 Ⅳ.①TU723.1-44

中国国家版本馆CIP数据核字(2023)第190275号

责任编辑:马伟 责任校对:子雪莲 封面设计:环球网校·志道文化 责任印制:周荣虎

建设工程合同管理
Jianshe Gongcheng Hetong Guanli

主　　编	环球网校监理工程师考试研究院
出版发行	东南大学出版社
出 版 人	白云飞
社　　址	南京四牌楼2号　邮编:210096　电话:025-83793330
网　　址	http://www.seupress.com
电子邮件	press@seupress.com
经　　销	全国各地新华书店
印　　刷	三河市中晟雅豪印务有限公司
开　　本	787 mm×1 092 mm　1/16
印　　张	12.5
字　　数	350千字
版　　次	2023年11月第1版
印　　次	2023年11月第1次印刷
书　　号	ISBN 978-7-5766-0897-7
定　　价	42.00元

本社图书若有印装质量问题,请直接与营销部联系。电话(传真):025-83791830

取得监理工程师职业资格是从事工程监理、工程经济与技术咨询、工程招标与采购咨询、工程项目管理服务等工作的必要条件。要想取得该职业资格，就必须参加并通过监理工程师职业资格考试。

根据《监理工程师职业资格制度规定》《监理工程师职业资格考试实施办法》，监理工程师职业资格考试采用全国统一大纲、统一命题、统一组织的方式进行。该考试设4个科目，3个专业类别，具体如下表所示。

	科目	试卷满分	合格标准	考试时长
基础科目	《建设工程监理基本理论和相关法规》	110分	66分	2小时
	《建设工程合同管理》	110分	66分	2小时
专业科目	《建设工程目标控制》	160分	96分	2小时
	《建设工程监理案例分析》	120分	72分	4小时

注：专业科目分为土木建筑工程、交通运输工程、水利工程3个专业类别，考生在报名时可根据实际工作需要进行选择。其中，土木建筑工程专业由住房和城乡建设部负责，交通运输工程专业由交通运输部负责，水利工程专业由水利部负责。

监理工程师职业资格考试成绩实行4年为一个周期的滚动管理办法，即在连续的4个考试年度内通过全部考试科目，方可取得监理工程师职业资格证书。已取得监理工程师一种专业职业资格证书的人员，报名参加其他专业科目考试的，可免考基础科目。免考基础科目和增加专业类别的人员，专业科目成绩按照2年为一个周期滚动管理。

近年来，监理工程师的报考人数呈明显增长的趋势。为帮助读者高效备考，顺利通过考试，早日取得监理工程师职业资格，环球网校组织常年奋战在监理考试培训第一线的专家、老师们编写了这套《同步章节必刷题》，建议您采用以下方法进行复习备考：

◇ **第一步**：熟悉基础知识后，逐章做本套《同步章节必刷题》（亦可采用一边熟悉基础知识，一边做章节必刷题的方式）。在做题过程中，要认真、仔细，不要怕做错。对于错题，要非常重视，及时进行标记，并重新学习不会的知识点。本书选择部分重要的题目配以二维码，扫码即可听老师的讲解。建议您充分利用本书配套的相关微课，加深对知识的理解和掌握。

◇ **第二步**：逐章梳理错题，查漏补缺，确保没有知识盲点。做完章节必刷题后，要从头梳理错题，结合本书列出的章节"重难点"，对未掌握或者掌握不牢固的知识，要勤思考、善记忆。第二遍做题，您一定会对监理常考的知识有不一样的感受，记忆会愈发深刻，做题也会更熟练。

◎ **第三步**：考前一个月，逐章快速做题，关注知识点的掌握程度。对掌握相对薄弱的知识点，重新复习，加强巩固。第三遍做题，您需要关注知识框架和做题技巧。完善的知识框架有助于把繁杂的内容整理在记忆体系内，让你对知识的掌握更加牢固；探索并找到独属于您自己的做题技巧，可以提高做题的效率和准确率，使您胸有成竹地参加考试。

千里之行，始于足下。如果您期待从事监理行业，就从现在开始复习吧！

请大胆写出你的得分目标＿＿＿＿＿＿＿＿

环球网校监理工程师考试研究院

目 录

第一章 建设工程合同管理法律制度 ······················· 1
- 第一节 合同管理任务和方法 ····························· 1
- 第二节 合同管理相关法律基础 ··························· 3
- 第三节 合同担保 ····································· 9
- 第四节 工程保险 ···································· 14
- 参考答案及解析 ······································ 18
  - 第一节 合同管理任务和方法 ··························· 18
  - 第二节 合同管理相关法律基础 ························· 19
  - 第三节 合同担保 ··································· 23
  - 第四节 工程保险 ··································· 28

第二章 建设工程勘察设计招标 ··························· 31
- 第一节 工程勘察设计招标特征及方式 ····················· 31
- 第二节 工程勘察设计招标主要工作内容 ··················· 33
- 第三节 工程勘察设计开标和评标 ························· 37
- 参考答案及解析 ······································ 40
  - 第一节 工程勘察设计招标特征及方式 ··················· 40
  - 第二节 工程勘察设计招标主要工作内容 ················· 41
  - 第三节 工程勘察设计开标和评标 ······················· 44

第三章 建设工程施工招标及工程总承包招标 ··············· 47
- 第一节 工程施工招标方式和程序 ························· 47
- 第二节 投标人资格审查 ······························· 52
- 第三节 施工评标办法 ································· 54
- 第四节 工程总承包招标 ······························· 56
- 参考答案及解析 ······································ 58
  - 第一节 工程施工招标方式和程序 ······················· 58
  - 第二节 投标人资格审查 ······························ 62
  - 第三节 施工评标办法 ································ 63
  - 第四节 工程总承包招标 ······························ 65

第四章　建设工程材料设备采购招标 ……………………………………………… 66
第一节　材料设备采购招标特点及报价方式 ………………………………… 66
第二节　材料采购招标 ………………………………………………………… 69
第三节　设备采购招标 ………………………………………………………… 71
参考答案及解析 ………………………………………………………………… 74
第一节　材料设备采购招标特点及报价方式 ……………………………… 74
第二节　材料采购招标 ……………………………………………………… 76
第三节　设备采购招标 ……………………………………………………… 78

第五章　建设工程勘察设计合同管理 …………………………………………… 80
第一节　工程勘察合同订立和履行管理 ……………………………………… 80
第二节　工程设计合同订立和履行管理 ……………………………………… 85
参考答案及解析 ………………………………………………………………… 89
第一节　工程勘察合同订立和履行管理 …………………………………… 89
第二节　工程设计合同订立和履行管理 …………………………………… 93

第六章　建设工程施工合同管理 ………………………………………………… 96
第一节　施工合同标准文本 …………………………………………………… 96
第二节　施工合同有关各方管理职责 ………………………………………… 98
第三节　施工合同订立 ………………………………………………………… 100
第四节　施工合同履行管理 …………………………………………………… 105
参考答案及解析 ………………………………………………………………… 121
第一节　施工合同标准文本 ………………………………………………… 121
第二节　施工合同有关各方管理职责 ……………………………………… 122
第三节　施工合同订立 ……………………………………………………… 124
第四节　施工合同履行管理 ………………………………………………… 127

第七章　建设工程总承包合同管理 ……………………………………………… 139
第一节　工程总承包合同特点 ………………………………………………… 139
第二节　工程总承包合同有关各方管理职责 ………………………………… 140
第三节　工程总承包合同订立 ………………………………………………… 142
第四节　工程总承包合同履行管理 …………………………………………… 147
参考答案及解析 ………………………………………………………………… 152
第一节　工程总承包合同特点 ……………………………………………… 152
第二节　工程总承包合同有关各方管理职责 ……………………………… 152

第三节　工程总承包合同订立 …………………………………………………… 154
　　第四节　工程总承包合同履行管理 ……………………………………………… 158

第八章　建设工程材料设备采购合同管理 …………………………………………… 162
　　第一节　材料设备采购合同特点及分类 ………………………………………… 162
　　第二节　材料采购合同履行管理 ………………………………………………… 163
　　第三节　设备采购合同履行管理 ………………………………………………… 165
　参考答案及解析 ………………………………………………………………………… 169
　　第一节　材料设备采购合同特点及分类 ………………………………………… 169
　　第二节　材料采购合同履行管理 ………………………………………………… 170
　　第三节　设备采购合同履行管理 ………………………………………………… 171

第九章　国际工程常用合同文本 ……………………………………………………… 174
　　第一节　FIDIC 施工合同条件 …………………………………………………… 174
　　第二节　FIDIC 设计采购施工（EPC）/交钥匙工程合同条件 ………………… 177
　　第三节　NEC 施工合同（ECC）及合作伙伴管理 ……………………………… 179
　　第四节　AIA 系列合同及 CM 和 IPD 合同模式 ………………………………… 181
　参考答案及解析 ………………………………………………………………………… 183
　　第一节　FIDIC 施工合同条件 …………………………………………………… 183
　　第二节　FIDIC 设计采购施工（EPC）/交钥匙工程合同条件 ………………… 185
　　第三节　NEC 施工合同（ECC）及合作伙伴管理 ……………………………… 186
　　第四节　AIA 系列合同及 CM 和 IPD 合同模式 ………………………………… 187

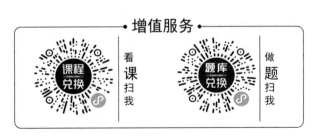

第一章 建设工程合同管理法律制度

第一节 合同管理任务和方法

> **重难点：**
> 1. 招标采购阶段的管理任务和方法。
> 2. 合同计价方式。
> 3. 合同签订及履行阶段的管理任务和方法。
> 4. 合同评审主要内容。

考点 1 招标采购阶段的管理任务和方法

1. 【单选】关于根据标准文本编制招标文件和合同条件的作用，说法正确的是（　　）。
   A. 增加了交易成本
   B. 增加了合同条款协商和谈判缔约工作的复杂性
   C. 确保了建设工程招标和合同文件中各项内容的独立性
   D. 有利于当事人履行合同的规范和顺畅

2. 【单选】下列适宜选择可调总价合同作为施工合同计价方式的是（　　）。
   A. 发包时施工工程内容和工程量尚不能明确确定
   B. 工程设计图纸完整详细，能准确确定工程量及施工计划，施工期较短
   C. 工程设计图纸完整详细，能准确确定工程量及施工计划，建设周期一年半以上
   D. 工程复杂，工程技术、结构方案难以预先确定，时间特别紧迫

3. 【单选】下列合同计价方式中，最不利于业主投资控制，业主基本承担价格变化或工程量变化的全部风险的是（　　）。
   A. 单价合同　　　　　　　　　　B. 固定总价合同
   C. 可调总价合同　　　　　　　　D. 成本加酬金合同

4. 【多选】下列属于招标采购阶段合同管理任务的有（　　）。
   A. 组织做好合同评审工作
   B. 制定完善的合同管理制度和实施计划
   C. 倡导构建合同各方合作共赢机制

D. 细化项目参建各相关方的合同界面管理

E. 合理选择适合建设工程特点的合同计价方式

5.【多选】与单价合同相比，固定总价合同的特点有（　　）。

A. 适用于地下条件复杂的工程

B. 适用于时间特别紧迫的工程

C. 业主控制投资的难度大

D. 承包商承担价格变化的风险较大

E. 对承包商准确预估工程量的要求高

6.【单选】下列合同计价方式中，在工程施工中"量"与"价"方面的风险分配对合同双方均显公平的是（　　）。

A. 单价合同　　　　　　　　　　　B. 固定总价合同

C. 可调总价合同　　　　　　　　　D. 成本加酬金合同

7.【多选】我国工程建设领域推行标准招标合同文件，当事人选用标准合同文本将有利于（　　）。

A. 降低合同价格

B. 避免条款缺项漏项

C. 提高交易效率

D. 审计和监督合同

E. 条款符合法规要求

8.【单选】建设工程照表采购总体策划中，制定总体采购计划和采购清单时，可采用的方法是（　　）。

A. 工作分解结构（WBS）

B. 责任分配矩阵（RAM）

C. 组织分解结构（OBS）

D. 利益主体网络（SN）

考点 2　合同签订及履行阶段的管理任务和方法

9.【多选】在合同订立前，合同主体相关各方应组织进行合同评审，合同评审主要包括（　　）。

A. 合法性、合规性评审，保证合同条款不违反强制性规定和条文

B. 合理性、可行性评审，保证合同权利和义务公平合理，不存在重大误解、履行障碍

C. 准确性、完整性评审，保证与合同履行紧密关联的条件满足合同履行要求

D. 与产品或过程有关要求的评审，保证合同内容没有缺项漏项，合同条款没有文字歧义、数据不全、条款冲突等情形

E. 合同风险评估，保证合同履行过程中可能出现的经营风险、法律风险处于可以接受的水平

10.【单选】建设工程合同各方的相关部门和合同谈判人员对项目管理机构进行合同交底的

内容包括（　　）。

A. 合同跟踪、诊断和纠偏
B. 合同实施计划及责任分配
C. 合同索赔和争议
D. 合同评审内容

11.【多选】合同实施计划应包括（　　）。

A. 合同文本比选
B. 合同实施总体安排
C. 合同分解与管理策划
D. 合同实施保证体系的建立
E. 合同索赔结果分析

第二节　合同管理相关法律基础

> **重难点：**
> 1. 合同法律关系的构成、产生、变更与消灭。
> 2. 代理的特征、种类、终止及无权代理。
> 3. 民事责任的概念、承担方式和承担原则。

考点 1　合同法律关系

1.【多选】下列关于合同法律关系主体的说法，正确的有（　　）。

A. 合同法律关系主体是合同法律关系中权利的享有者和义务的承担者
B. 合同法律关系主体包括自然人、法人和非法人组织
C. 自然人要成为合同法律关系的主体，就必须具有完全民事行为能力
D. 自然人要具有权利能力，就必须履行法定手续
E. 根据自然人的年龄和精神健康状况，可以将自然人分为完全民事行为能力人、限制民事行为能力人和无民事行为能力人

2.【多选】下列属于完全民事行为能力人的有（　　）。

A. 18周岁以上的自然人
B. 8周岁以上的未成年人
C. 不满8周岁的未成年人
D. 16周岁以上，以自己的劳动收入为主要生活来源的未成年人
E. 不能辨认自己行为的成年人

3.【多选】限制民事行为能力人可以独立实施民事法律行为的范围包括（　　）。

A. 所有民事法律行为

B. 与其年龄、智力相适应的民事法律行为

C. 与其年龄、智力不相适应的民事法律行为

D. 均由其法定代理人代理实施民事法律行为

E. 纯获利益的民事法律行为

4.【单选】关于法人应当具备的条件，说法正确的是（　　）。
　　A. 法人应在政府主管部门备案
　　B. 法人应具有规定数额的经费
　　C. 法人应有自己的组织机构
　　D. 法人应抵押与经营规模相适应的财产

5.【多选】法定代表人因执行职务造成他人损害，下列向权利人承担民事责任的方式，正确的有（　　）。
　　A. 由法人承担民事责任
　　B. 由法定代表人承担民事责任
　　C. 由法人或者法定代表人承担民事责任
　　D. 由法人和法定代表人共同承担民事责任
　　E. 法人承担民事责任后，可以依法向法定代表人追偿

6.【单选】甲公司章程规定公司法定代表人对外签约的权限为50万元，现法定代表人与不知情的乙公司签署了总价100万元的合同，该合同的效力为（　　）。
　　A. 有效　　　　　　　　　　　　B. 无效
　　C. 可撤销　　　　　　　　　　　D. 待定

7.【多选】法人可以分为（　　）。
　　A. 营利法人　　　　　　　　　　B. 基金会法人
　　C. 非营利法人　　　　　　　　　D. 特别法人
　　E. 社会团体法人

8.【多选】特别法人包括（　　）。
　　A. 农村集体经济组织法人
　　B. 城镇农村的合作经济组织法人
　　C. 社会服务机构
　　D. 机关法人
　　E. 基层群众性自治组织法人

9.【多选】下列属于非法人组织的有（　　）。
　　A. 股份有限公司　　　　　　　　B. 个人独资企业
　　C. 法定代表人　　　　　　　　　D. 合伙企业
　　E. 基层群众性自治组织

10.【单选】某合伙企业与材料供应商订立了采购合同，材料交货后货款未支付，则下列说法正确的是（　　）。
　　A. 合伙企业不能成为合同法律关系的主体

B. 采购合同无效

C. 合伙企业以其全部财产独立承担民事责任

D. 合伙企业财产不足以清偿债务时，合伙人承担无限责任

11.【多选】下列合同法律关系的客体属于物的有（   ）。

A. 建筑材料采购合同　　　　　　　B. 工程承包合同

C. 项目贷款合同　　　　　　　　　D. 工程设计合同

E. 委托监理合同

12.【单选】能够引起合同法律关系的产生、变更和消灭的法律事实分为行为和事件两类，下列属于事件的是（   ）。

A. 罢工　　　　　　　　　　　　　B. 法院判决

C. 行政行为　　　　　　　　　　　D. 仲裁机构裁决

13.【多选】合同法律关系的构成要素有（   ）。

A. 目标　　　　　　　　　　　　　B. 主体

C. 客体　　　　　　　　　　　　　D. 内容

E. 性质

14.【单选】作为合同法律关系主体的自然人必须具备（   ）能力。

A. 完全民事行为　　　　　　　　　B. 限制民事行为

C. 与合同履行相适应的民事行为　　D. 一般民事行为

15.【多选】法人是依法独立享有民事权利和承担民事义务的组织，其应具备的条件包括（   ）。

A. 依法成立　　　　　　　　　　　B. 有自己的名称及组织机构

C. 有必要的经费　　　　　　　　　D. 有资质证书

E. 法定代表人具有执业资格

16.【多选】合同法律关系的客体包括（   ）。

A. 当事人　　　　　　　　　　　　B. 物

C. 行为　　　　　　　　　　　　　D. 权力

E. 智力成果

17.【单选】下列合同中，合同法律关系客体属于物的是（   ）。

A. 借款合同　　　　　　　　　　　B. 勘察合同

C. 施工合同　　　　　　　　　　　D. 技术转让合同

18.【单选】下列属于合同法律关系客体的智力成果的是（   ）。

A. 建筑物　　　　　　　　　　　　B. 设计工作

C. 技术秘密　　　　　　　　　　　D. 工艺技术设备

19.【多选】下列施工合同条款中，属于合同法律关系内容的有（   ）。

A. 发包人名称　　　　　　　　　　B. 承包人名称

C. 发承包项目名称　　　　　　　　D. 提供施工场地的约定

E. 工程价款结算的约定

20. 【单选】关于法律事实的说法,正确的是(　　)。
    A. 法律事实不包括事件
    B. 罢工属于法律事实中的行为
    C. 法院判决不属于法律事实中的行为
    D. 合同当事人违约属于法律事实中的行为

考点 2　代理关系

21. 【单选】代理人与第三人签订合同的法律特征表现为(　　)。
    A. 以代理人的名义与对方谈判
    B. 在代理权限范围内与对方谈判
    C. 代理人在合同谈判过程中不能在授权范围内自主地提出自己的要求
    D. 代理人在代理权限范围内与第三人所签合同导致的不利后果,被代理人可拒绝承担

22. 【多选】根据代理权产生依据的不同,可将代理分为(　　)。
    A. 委托代理　　　　　　　　　B. 转代理
    C. 法定代理　　　　　　　　　D. 合伙代理
    E. 指定代理

23. 【单选】建设工程项目实施过程中,下列行为不属于委托代理的是(　　)。
    A. 项目法人授权工程招标代理机构为其办理招标事宜
    B. 施工企业法定代表人代表企业参加施工投标
    C. 监理单位授权总监理工程师执行工程监理任务
    D. 设计单位的设计负责人向施工单位和监理单位进行设计交底

24. 【单选】因被代理人对代理人授权不明确,给第三人造成损失,下列关于损失承担的说法,正确的是(　　)。
    A. 由被代理人承担责任
    B. 由代理人承担责任
    C. 由第三人自行承担责任
    D. 由被代理人与代理人承担连带责任

25. 【多选】下列代理行为中,属于无权代理的有(　　)。
    A. 超越代理权进行代理
    B. 代理人与第三人恶意串通,损害被代理人利益
    C. 没有代理权而进行代理
    D. 代理他人与自己进行法律行为
    E. 代理权终止后的代理

26. 【单选】下列关于无权代理的说法,正确的是(　　)。
    A. 无权代理行为经追认后,由被代理人和代理人承担连带责任
    B. 被代理人拒绝追认无权代理行为,则由行为人承担民事责任
    C. 被代理人在收到相对人催告通知之日起一个月内未作表示的,视为追认

D. 无权代理行为在被代理人追认后相对人依然可以撤销

27.【多选】在代理关系中，委托代理关系终止的原因包括（　　）。
A. 代理人有过错
B. 被代理人丧失民事行为能力
C. 代理人辞去委托
D. 代理期限届满
E. 被代理人死亡

28.【单选】施工企业法定代表人授权项目经理进行工程项目投标，中标后形成的合同义务由（　　）承担。
A. 施工企业法定代表人
B. 拟派项目经理
C. 施工项目部
D. 施工企业

29.【多选】关于民事代理的说法，正确的有（　　）。
A. 代理人必须在代理范围内实施代理行为
B. 代理人只能依照被代理人的意志实施代理行为
C. 代理人以自己的名义实施代理行为
D. 被代理人对代理人的代理行为承担责任
E. 被代理人对代理人不当代理行为不承担责任

30.【单选】建设单位委托招标代理机构招标的，招标代理机构在授权范围内代理行为的法律责任由（　　）承担。
A. 招标代理机构　　　　　　　　　B. 建设单位
C. 政府监管机构　　　　　　　　　D. 项目评标委员会

31.【单选】工程监理单位授权总监理工程师组织完成监理任务而产生的代理属于（　　）。
A. 法定代理　　　　　　　　　　　B. 委托代理
C. 指定代理　　　　　　　　　　　D. 延伸代理

32.【多选】在施工合同关系中，关于施工企业项目经理的说法，正确的有（　　）。
A. 项目经理是施工企业的代理人
B. 项目经理是项目经理部的代理人
C. 施工企业应对项目经理的行为承担民事责任
D. 项目经理部应对项目经理的行为承担民事责任
E. 项目经理应对其行为承担民事责任

33.【单选】施工企业负责人授权项目经理负责工程项目管理，其授权行为构成（　　）。
A. 表见代理　　　　　　　　　　　B. 法定代理
C. 指定代理　　　　　　　　　　　D. 委托代理

34.【多选】关于无权代理的说法，正确的有（　　）。
A. 超越代理权限而为的"代理"行为属于无权代理

B. 代理权终止后的"代理"行为的后果直接归属"被代理人"

C. 对无权代理行为，"被代理人"可以行使"追认权"

D. 无权代理行为按一定程序可以转化为合法代理行为

E. 无权代理行为由行为人承担民事责任

35.【多选】委托代理采用书面形式授权的，授权委托书应当载明的内容有（　　）。

　　A. 代理事项　　　　　　　　　　　B. 代理权限

　　C. 代理人姓名或名称　　　　　　　D. 代理费用

　　E. 代理期限

考点 3　民事责任

36.【多选】建设工程合同中的法律责任只能是民事责任，其包括（　　）。

　　A. 违约责任　　　　　　　　　　　B. 行政责任

　　C. 侵权责任　　　　　　　　　　　D. 缔约过失责任

　　E. 刑事责任

37.【多选】建设工程合同中可以约定的民事责任承担方式包括（　　）。

　　A. 消除影响

　　B. 赔礼道歉

　　C. 罚金

　　D. 暂扣或者吊销许可证

　　E. 恢复名誉

38.【多选】工程监理单位与承包单位串通，为承包单位谋取非法利益，给建设单位造成损失，下列说法正确的有（　　）。

　　A. 监理单位与承包单位承担按份赔偿责任

　　B. 根据各自责任大小确定责任份额

　　C. 难以确定责任大小的，平均承担责任

　　D. 建设单位无权请求监理单位承担全部赔偿责任

　　E. 监理单位对建设单位要求承担全部赔偿责任的请求有权拒绝

39.【多选】下列关于建设工程合同中责任承担的说法，错误的有（　　）。

　　A. 承包人履行合同义务不符合约定的，应当承担采取补救措施、没收违法所得等违约责任

　　B. 承包人以自己的行为表明不履行合同义务的，发包人应当在履行期限届满之后要求其承担违约责任

　　C. 发包人在建设工程未经竣工验收即擅自使用后，可以使用部分质量不符合约定为由主张权利

　　D. 监理人与承包人串通导致建设单位损失的，监理人与承包人承担连带赔偿责任

　　E. 资质出借方与借用方对建设工程质量不合格等因出借资质造成的损失承担按份赔偿责任

第三节 合同担保

> **重难点：**
> 1. 五种担保方式及相关内容。
> 2. 投标保证、履约保证及预付款担保。

考点 1 担保方式

1. 【单选】根据《民法典》的规定，当采用保证方式进行担保时，下列说法正确的是（　　）。
   A. 债务人与债权人是保证合同的当事人，债务人向债权人保证，当债务人不履行债务时由保证人承担责任
   B. 债务人与债权人是保证合同的当事人，保证人向债务人保证，当债务人不履行债务时，由保证人承担责任
   C. 保证人与债务人是保证合同的当事人，保证人承诺，当债务人不履行债务时，由债权人承担责任
   D. 保证人与债权人是保证合同的当事人，保证人承诺，当债务人不履行债务时，由保证人承担责任

2. 【多选】当事人对保证方式没有约定或者约定不明确时，下列做法不正确的有（　　）。
   A. 由债权人与债务人协商确定保证方式
   B. 由债权人与保证人协商确定保证方式
   C. 由债务人与保证人协商确定保证方式
   D. 应当认定为一般保证
   E. 应当认定为连带责任保证

3. 【多选】根据《民法典》的规定，下列不能作为保证合同的担保人的有（　　）。
   A. 幼儿园　　　　　　　　　　B. 学校
   C. 医院　　　　　　　　　　　D. 银行
   E. 企业

4. 【多选】下列关于保证责任的说法中，正确的有（　　）。
   A. 保证担保的范围包括主债权及利息、违约金、损害赔偿金和实现债权的费用
   B. 保证人对保证期间未经其同意转让的债务，仍需承担保证责任
   C. 保证期间债权人与债务人协议变更主合同的，保证人继续在原有范围内承担保证责任
   D. 当事人对保证担保的范围没有约定或者约定不明确的，保证人应当对全部债务承担责任
   E. 一般保证的保证人未约定保证期间的，保证期间为主债务履行期届满之日起 6 个月

5.【多选】根据物权法律制度的规定，下列财产中可以作为抵押权客体的有（　　）。
A. 工厂的半成品
B. 违章建筑
C. 海域使用权
D. 学校的校办企业
E. 农作物及其所附着土地的使用权

6.【单选】建设单位将自己开发的房地产项目抵押给银行，同时声明该项目占用范围内的建设用地使用权不作抵押，并签订了抵押合同，但未办理抵押登记，下列说法正确的是（　　）。
A. 该项目占用范围内的建设用地使用权视为一并抵押
B. 项目转移给银行占有
C. 抵押权自合同签订之日起设立
D. 因未办理抵押登记，抵押权不得对抗善意第三人

7.【单选】关于抵押的效力，下列说法正确的是（　　）。
A. 抵押担保的范围包括主债权及利息、违约金、损害赔偿金和实现抵押权的费用
B. 抵押人转让抵押物的价款，超过债权的部分归债务人所有
C. 抵押人转让抵押物的价款，不足部分由抵押人清偿
D. 抵押权可以与其担保的债权分离而单独转让

8.【多选】同一财产向两个以上的债权人抵押的，变卖抵押财产价款的清偿顺序正确的有（　　）。
A. 抵押权已登记的，按登记的先后顺序清偿
B. 抵押权登记的顺序相同的，先主张权利的先清偿
C. 抵押权已登记的先于未登记的清偿
D. 抵押权都未登记的，按照债权比例清偿
E. 抵押权都未登记的，先保全的先清偿

9.【单选】根据《民法典》的规定，下列关于抵押担保和质押担保的主要区别，说法正确的是（　　）。
A. 抵押物必须是第三人的财产，质物可以是债务人的财产
B. 抵押物包括动产，质物不包括动产
C. 担保期间，抵押物不需转移给债权人，质物必须转移给债权人
D. 抵押权人有优先受偿权，质权人没有优先受偿权

10.【单选】甲与乙签订借款合同，并与乙就自己的汽车出质给乙签订了字据，后甲未将该车按约交付给乙，而将该车卖与了丙，后为此引起纠纷。下列说法正确的是（　　）。
A. 丙不能取得该车的所有权，因为该车已质押给乙
B. 丙能取得该车的所有权，但乙可依质权向丙进行追偿
C. 丙能取得该车的所有权，乙不能向丙要求返还该车
D. 丙能否取得该车的所有权，取决于乙是否同意

11. 【多选】施工企业从银行贷款，可以作为质押担保的有（　　）。
    A. 汽车
    B. 土地
    C. 土地所有权
    D. 支票
    E. 可以转让的商标专有权

12. 【多选】关于留置的说法，正确的有（　　）。
    A. 留置权可以通过合同的约定产生
    B. 留置权不以债权人合法占有对方财产为前提
    C. 留置的动产应当与债权属于同一法律关系
    D. 企业之间留置可以不受留置动产与债权属于同一法律关系的限制
    E. 当事人不得约定不得留置的动产

13. 【单选】下列关于定金的表述中，错误的是（　　）。
    A. 定金合同从签订之日起生效
    B. 定金数额不得超过主合同标的额的20%
    C. 收受定金的一方不履行约定的债务的，应当双倍返还定金
    D. 定金合同要采用书面形式，并在合同中约定交付定金的期限

14. 【多选】只能由债务人提供担保的担保方式有（　　）。
    A. 保证
    B. 抵押
    C. 质押
    D. 留置
    E. 定金

15. 【单选】只能以动产作为担保财产的担保方式是（　　）。
    A. 保证
    B. 抵押
    C. 质押
    D. 留置

16. 【单选】下列担保物权中，以登记作为设立要件的是（　　）。
    A. 不动产抵押权
    B. 动产抵押权
    C. 动产质权
    D. 定金

17. 【单选】被担保的债权既有物的担保又有人的担保，且当事人对债权实现未做约定，则下列关于债权人实现债权的方式说法，正确的是（　　）。
    A. 应当先物保后人保
    B. 应当先人保后物保
    C. 可以任意选择物保或者人保优先受偿
    D. 应当根据物保是否由债务人提供确定

18. 【单选】保证法律关系应当参加的主体至少是（　　）。
    A. 保证人、被保证人
    B. 保证人、被保证人、债权人
    C. 被保证人、债权人
    D. 保证人、债权人

19. 【单选】关于保证人资格的说法，正确的是（　　）。
    A. 公民个人不得作为保证人
    B. 企业法人的职能部门一律不得作为保证人

C. 企业法人的分支机构一律不得作为保证人

D. 学校在一定条件下可以作为保证人

20. 【单选】下列组织或机构中，不能作为保证人的是（　　）。
    A. 非银行金融机构　　　　　　　　B. 医院
    C. 股份公司　　　　　　　　　　　D. 合伙企业

21. 【多选】保证合同的主要内容包括（　　）。
    A. 被保证的主债权种类、数额　　　B. 债务人履行债务的方式
    C. 保证的期间　　　　　　　　　　D. 保证担保的范围
    E. 债务人履行债务的期限

22. 【多选】保证合同的担保范围包括（　　）。
    A. 主债权及利息　　　　　　　　　B. 债权人的间接损失
    C. 违约金　　　　　　　　　　　　D. 债权人实现债权的费用
    E. 保证合同另有约定的财产损失

23. 【单选】保证合同中，债务人与保证人对保证期间没有约定或者约定不明确的，保证期间为主债务履行期届满之日起（　　）个月。
    A. 1　　　　　　　　　　　　　　　B. 3
    C. 6　　　　　　　　　　　　　　　D. 12

24. 【单选】公司甲以其自有办公楼作为抵押物为公司乙向银行申请贷款提供抵押担保，并在登记机关办理了抵押登记，该担保法律关系中，抵押人为（　　）。
    A. 公司甲　　　　　　　　　　　　B. 公司乙
    C. 银行　　　　　　　　　　　　　D. 登记机关

25. 【单选】关于抵押的说法，正确的是（　　）。
    A. 抵押物只能由债务人提供　　　　B. 正在建造的建筑物可用于抵押
    C. 提单可用于抵押　　　　　　　　D. 抵押物应当转移占有

26. 【多选】关于抵押权的说法，正确的有（　　）。
    A. 以动产抵押的，抵押权在主债务履行时生效
    B. 以建设用地使用权抵押的，该土地上建筑物一并抵押
    C. 以正在建造的建筑物抵押的，应办理在建工程抵押登记
    D. 设立抵押权，当事人应采用书面形式订立抵押合同
    E. 使用权不明的财产不得抵押

27. 【单选】设计合同中定金条款约定发包人向设计人支付设计费的20%作为定金，则定金自（　　）之日起生效。
    A. 合同签字盖章　　　　　　　　　B. 实际交付
    C. 发包人完成设计任务书审批　　　D. 设计人收到发包人设计基础资料

28. 【单选】定金不得超过主合同标的额的（　　）。
    A. 20%　　　　　　　　　　　　　B. 30%
    C. 40%　　　　　　　　　　　　　D. 50%

29. 【单选】根据《民法典》合同编的规定，当事人在保证合同中对保证方式没有约定或约定不明确的，保证人按照（　　）方式承担保证责任。
   A. 连带责任　　　　　　　　　　B. 仲裁协议约定
   C. 一般保证　　　　　　　　　　D. 当事人诉讼请求

30. 【多选】下列财产中，可以作为抵押物的有（　　）。
   A. 土地所有权　　　　　　　　　B. 建筑材料
   C. 正在建的建筑物　　　　　　　D. 建设用地使用权
   E. 非营利的公益设施

考点 2　保证在建设工程中的应用

31. 【多选】下列关于投标保证金的说法，正确的有（　　）。
   A. 投标人应提交规定金额的投标保证金，但数额不得超过招标项目估算价的20%
   B. 投标人应按招标文件要求最迟在评标结束前以有效形式提交投标保证金
   C. 招标人最迟应当在书面合同签订后5日内向中标人和未中标的投标人退还投标保证金及银行同期存款利息
   D. 投标保证金主要保证投标人在投标有效期内不得撤销投标书，中标后不得无正当理由拒绝签订合同或拒绝提交履约保函
   E. 投标保证金的有效期从提交投标文件之日起算

32. 【多选】下列关于工程担保的担保金额，说法正确的有（　　）。
   A. 施工投标保证金的数额一般不得超过招标项目估算价的5%
   B. 履约担保金一般情况下额度为合同价格的10%
   C. 履约银行保函额度是合同价格的10%
   D. 履约担保书的担保额度是合同价格的10%
   E. 施工预付款担保的金额一般为预付款金额的10%

33. 【单选】根据《招标投标法实施条例》，建设工程项目招标结束后，招标人退还投标保证金的时间限定在（　　）。
   A. 与中标人签订书面合同后的15日内　　B. 与中标人签订书面合同后的5日内
   C. 招投标结束后的30日内　　　　　　　D. 招投标结束后的15日内

34. 【单选】建设工程招投标中，应没收投标保证金的情形是（　　）。
   A. 投标人在投标函中规定的投标有效期内撤销其投标
   B. 投标人在投标截止日前撤回其投标
   C. 投标保证金的有效期短于投标有效期
   D. 未中标的投标人未按规定的时间收回投标保证金

35. 【单选】在工程勘察设计招投标过程中，投标保证金不予退还的情形是（　　）。
   A. 投标人在评标期间向外界透露投标报价信息
   B. 投标人提交的投标保证金数额低于招标文件的规定
   C. 投标人在投标截止后致函提出技术澄清说明

D. 投标人中标后未按招标文件要求提交履约保证金

36. 【单选】建设工程招标投标过程中，投标保证金将被没收的情形是（   ）。
    A. 投标人的投标报价明显低于其实际成本
    B. 投标人的资格文件中有虚假材料并导致废标
    C. 投标人在投标有效期内要求撤销其投标文件
    D. 投标人向招标人提出修改招标文件的要求

37. 【单选】根据《招标投标法实施条例》，建设工程项目招标文件中，若要求中标人提供履约保证金的，其额度不应超过合同价格的（   ）。
    A. 5%   B. 10%
    C. 20%   D. 30%

38. 【单选】根据《招标投标法实施条例》，要求投标人提交投标保证金的，投标保证金数额不得超过招标项目估算价的（   ）。
    A. 2%   B. 3%
    C. 5%   D. 10%

39. 【单选】关于施工预付款保函的说法，正确的是（   ）。
    A. 预付款保函应由招标人委托第三方开具
    B. 预付款保函应在签订施工合同前出具
    C. 预付款保函金额应与预付款金额相同
    D. 预付款保函应在整个施工期内有效

40. 【单选】根据《标准施工招标文件》，工程预付款担保是对承包人正确、合理使用发包人支付的预付款的担保，预付款担保的主要形式是（   ）。
    A. 保证书   B. 银行汇票
    C. 保留金   D. 银行保函

第四节　工程保险

> **重难点：**
> 1. 建筑工程一切险及第三者责任险（投保人与被保险人、责任范围、除外责任、保险期限等）。
> 2. 安装工程一切险及第三者责任险（责任范围、除外责任、保险期限）。
> 3. 施工企业职工意外伤害险（责任范围、责任免除、保险期间）。

考点　工程建设涉及的主要险种

1. 【单选】下列关于建筑工程一切险的说法，正确的是（   ）。
    A.《标准施工招标文件》（2007年版）规定由发包人投保

B. 承包人以发包人和承包人的共同名义向双方同意的保险人投保

C. 业主聘用的建筑师不可以作为被保险人

D. 设备供应商可以作为被保险人

2.【单选】某工程投保了建筑工程一切险,在施工期间现场发生下列事件造成损失,保险人负责赔偿的事件是( )。

A. 大雨造成现场档案资料损毁

B. 雷电击毁现场施工用配电柜

C. 设计错误导致部分工程拆除重建

D. 施工机械过度磨损需要停工检修

3.【多选】下列关于建筑工程一切险保险人的保险责任期限,说法正确的有( )。

A. 工程施工延误竣工,保险责任至保险单约定的时间止

B. 工程提前竣工,保险责任仍至保险单约定的时间止

C. 工程提前竣工,工程竣工验收日为保险责任终止日

D. 被保险人提前使用部分单位工程,不对保险单约定的责任期限产生影响

E. 被保险人提前使用部分单位工程,该部分工程的开始使用日为保险责任终止日

4.【多选】在施工企业职工意外伤害险保险期间内,被保险人因( )造成身故或者残疾的,保险人不承担给付保险金责任。

A. 恐怖袭击

B. 核能装置爆炸

C. 施工时遭受意外伤害

D. 回家探亲失踪而被法院宣告死亡

E. 无证驾驶遭受意外伤害

5.【多选】在职工意外伤害险保险期间内,被保险人从事建筑施工工作时遭受意外伤害,下列关于保险人给付保险金的说法正确的有( )。

A. 被保险人自意外伤害事故发生之日起 360 日内因该事故死亡的,保险人给付死亡保险金

B. 被保险人自意外伤害事故发生之日起下落不明的,保险人给付身故保险金

C. 被保险人自意外伤害事故发生之日起 180 日内因该事故造成保险合同所列残疾程度之一的,保险人给付残疾保险金

D. 至第 180 日治疗仍未结束的,保险人根据第 180 日次日的身体情况所作残疾鉴定给付残疾保险金

E. 保险人给付各项保险金之和不超过保险金额

6.【单选】下列关于施工企业职工意外伤害险的保险责任期限,说法正确的是( )。

A. 工程提前竣工,保险责任仍至保险单约定的时间止

B. 工程延误竣工,保险责任仍至保险单约定的时间止

C. 工程因故停工,保险单约定的责任期限应当顺延

D. 工程停工期间,保险人继续承担保险责任

7. 【多选】某施工企业按被保险人人数投保职工意外伤害险，并选择按照被保险人人数计收保险费，下列说法正确的有（　　）。
   A. 投保人数必须占约定承保团体人员的70%以上
   B. 最少为3人投保
   C. 被保险人年龄可以低于18周岁
   D. 保险人对回家探亲失踪而被法院宣告死亡的，被保险人可以不承担保险责任
   E. 保险期间自保险人同意承保、收取保险费并签发保险单的当日零时起

8. 【单选】建设工程施工过程中发生化学品泄漏，造成工程外部邻近人员中毒住院，其医疗费用应由保险公司支付的前提是该工程投保了建筑工程的（　　）。
   A. 一切险　　　　　　　　　　　　　B. 一切险加第三者责任险
   C. 一切险加人身保险　　　　　　　　D. 一切险加人身意外伤害险

9. 【多选】建筑工程一切险中，保险人对（　　）原因造成的损失不负责赔偿。
   A. 设计错误引起的损失和费用
   B. 因原材料缺陷或工艺不善引起的保险财产本身的损失以及为换置、修理或矫正这些缺点错误所支付的费用
   C. 外力引起的机械或电气装置的本身损失
   D. 盘点时发现的短缺
   E. 除非另有约定，在保险工程开始以前已经存在或形成的位于工地范围内或其周围的属于被保险人的财产的损失

10. 【单选】在任何情况下，建筑工程一切险保险人承担损害赔偿义务的期限不超过（　　）。
    A. 保险单列明的建筑期保险终止日
    B. 工程所有人对全部工程验收合格之日
    C. 工程所有人实际占用全部工程之日
    D. 工程所有人使用全部工程之日

11. 【单选】下列属于安装工程一切险责任范围的是（　　）。
    A. 因地震、台风等自然灾害造成的财产损失
    B. 因设计错误或工艺不善引起的财产损失
    C. 因超负荷造成的电气设备损失
    D. 因自然磨损造成的设备损失

12. 【多选】某工程投保安装工程一切险，保险人负责赔偿的损失有（　　）。
    A. 超负荷原因造成的设备损失
    B. 地面下陷造成的损失
    C. 维修保养的费用支出
    D. 机械装置失灵造成的本体损失
    E. 水灾造成的设备损失

13. 【单选】安装工程一切险通常应以（　　）为保险期限。
    A. 整个工期　　　　　　　　　　　　B. 设备生产至安装完成期间

C. 工程全寿命期   D. 施工安装合同有效期

14. 【单选】关于施工企业意外伤害险的说法，正确的是（ ）。
    A. 施工企业必须为全体职工办理意外伤害险
    B. 团体意外伤害保险责任是指伤残保险责任
    C. 年龄18～70周岁的施工人员均可作为被保险人
    D. 停工期间保险人不承担保险责任

15. 【多选】某工程投保建筑工程一切险，保险人负责赔偿损失的有（ ）。
    A. 设备锈蚀造成的损失   B. 盘点时发现的材料短缺
    C. 水灾造成的损失   D. 原材料缺陷造成的损失
    E. 雷电造成的损失

16. 【单选】对于投保建筑工程一切险的工程，保险人应负责赔偿的损失是（ ）。
    A. 因设计错误引起的工程损失
    B. 因原材料缺陷造成的工程损失
    C. 因地面下陷下沉造成的工程损失
    D. 非外力原因引起的机械装置损坏

参考答案及解析

第一章　建设工程合同管理法律制度

第一节　合同管理任务和方法

考点 1　招标采购阶段的管理任务和方法

1. 【答案】D
   【解析】根据标准文本编制招标文件和合同条件，作用在于：①有利于当事人了解并遵守有关法律法规，确保建设工程招标和合同文件中的各项内容符合法律法规的要求；②可以帮助当事人正确拟定招标和合同文件条款，保证各项内容的完整性和准确性，避免缺款漏项，防止出现显失公平的条款，保证交易安全；③有助于降低交易成本，提高交易效率，降低合同条款协商和谈判缔约工作的复杂性；④有利于当事人履行合同的规范和顺畅；⑤有利于审计机构、相关行政管理部门对合同的审计和监督；⑥有助于仲裁机构或人民法院裁判纠纷，最大限度维护当事人的合法权益。

2. 【答案】C
   【解析】总价合同适用范围：工程范围和任务明确，工程设计图纸完整详细，承包商了解现场条件、能准确确定工程量及施工计划。其中，固定总价合同适用于施工期较短（一年左右）、价格波动不大的项目；可调总价合同适用于建设周期一年半以上的项目。单价合同适用范围：发包时施工工程内容和工程量尚不能明确确定。

3. 【答案】D
   【解析】合同计价方式对业主的风险：成本加酬金合同＞（可变＞固定）单价合同＞（可调＞固定）总价合同。

4. 【答案】DE
   【解析】招标采购阶段合同管理任务：①开展建设工程项目招标采购的总体策划；②根据标准文本编制招标文件和合同条件；③细化项目参建各相关方的合同界面管理；④合理选择适合建设工程特点的合同计价方式。

5. 【答案】DE
   【解析】选项 A、B 错误，成本加酬金合同适用于工程复杂，工程技术、结构方案难以预先确定，时间特别紧迫的项目。选项 C 错误，承包商在报价时应对价格变动因素以及不可预见因素做充分的估计，对业主而言，在合同签订时就可以基本确定项目总投资额，有利于投资控制。

6. 【答案】A
   【解析】单价合同在工程施工中"量"与"价"方面的风险分配对合同双方均显公平。

7. 【答案】BCDE

【解析】根据标准文本编制招标文件和合同文件，作用在于：①有利于当事人了解并遵守有关法律法规，确保建设工程招标和合同文件中的各项内容符合法律法规的要求；②可以帮助当事人正确拟定招标和合同文件条款，保证各项内容的完整性和准确性，避免缺款漏项，防止出现显失公平的条款，保证交易安全；③有助于降低交易成本，提高交易效率，降低合同条款协商和谈判缔约工作的复杂性；④有利于当事人履行合同的规范和顺畅；⑤有利于审计机构、相关行政管理部门对合同的审计和监督；⑥有助于仲裁机构或人民法院裁判纠纷，最大限度维护当事人的合法权益。

8. 【答案】A

【解析】建设工程照表采购总体策划中，制定总体采购计划和采购清单时，应根据项目目标要求，对整个项目的采购工作做出总体策划安排，要明确项目需要采购哪些工程、服务和物资，应用目标分解、工作分解结构（WBS）等方法制定总体采购计划和采购清单。

考点 2 合同签订及履行阶段的管理任务和方法

9. 【答案】ABDE

【解析】合同评审主要包括下列内容：①合法性、合规性评审。保证合同条款不违反强制性规定和条文。②合理性、可行性评审。保证合同权利和义务公平合理，不存在重大误解、履行障碍。③严密性、完整性评审。保证与合同履行紧密关联的条件满足合同履行要求。④与产品或过程有关要求的评审。保证合同内容没有缺项漏项，合同条款没有文字歧义、数据不全、条款冲突等情形，合同组成文件之间没有矛盾。通过招投标方式订立合同的，合同内容还应当符合招投标文件的实质性要求和条件。⑤合同风险评估。保证合同履行过程中可能出现的经营风险、法律风险处于可以接受的水平。

10. 【答案】B

【解析】合同各方的相关部门和合同谈判人员应对项目管理机构进行合同交底，合同交底包括下列内容：①合同主要内容；②合同订立过程中的特殊问题及待定问题；③合同实施计划及责任分配；④合同实施的主要风险。

11. 【答案】BCD

【解析】合同实施计划是保证合同履行的重要手段，合同相关各方应根据合同编制合同实施计划。合同实施计划应包括：①合同实施总体安排；②合同分解与管理策划；③合同实施保证体系的建立。其中，合同实施保证体系应与其他管理体系协调一致，还应建立合同文件沟通方式、编码系统和文档系统。

第二节 合同管理相关法律基础

考点 1 合同法律关系

1. 【答案】ABE

【解析】选项 C 错误，作为合同法律关系主体的自然人必须具备"相应的"民事权利能力和民事行为能力。选项 D 错误，自然人的民事权利能力始于出生，终于死亡。

2. 【答案】AD
   【解析】完全民事行为能力人包括：①18周岁以上的自然人；②16周岁以上，以自己的劳动收入为主要生活来源的未成年人。

3. 【答案】BE
   【解析】限制民事行为能力人实施的民事法律行为包括：①可以独立实施纯获利益的或者与其年龄、智力相适应的民事法律行为；②实施其他民事法律行为由其法定代理人代理或者经其法定代理人同意、追认。

4. 【答案】C
   【解析】法人应当依法成立。法人应当有自己的名称、组织机构、住所、财产或者经费。

5. 【答案】AE
   【解析】法定代表人以法人名义从事的民事活动，其法律后果由法人承担。如：法定代表人因执行职务造成他人损害的，由法人承担民事责任；法人承担民事责任后，依照法律或者法人章程的规定，可以向有过错的法定代表人追偿。

6. 【答案】A
   【解析】法人章程或者法人权力机构对法定代表人代表权的限制，不得对抗善意相对人。

7. 【答案】ACD
   【解析】法人分为营利法人、非营利法人、特别法人。

8. 【答案】ABDE
   【解析】特别法人包括机关法人、农村集体经济组织法人、城镇农村的合作经济组织法人、基层群众性自治组织法人。

9. 【答案】BD
   【解析】非法人组织是不具有法人资格，但是能够依法以自己的名义从事民事活动的组织。非法人组织包括个人独资企业、合伙企业、不具有法人资格的专业服务机构等。

10. 【答案】D
    【解析】合伙企业属于合同法律关系主体中的非法人组织，没有独立的财产，不能独立承担民事责任，出资人或者设立人需为非法人组织未偿债务承担无限责任。

11. 【答案】AC
    【解析】建筑材料采购合同、项目贷款合同的客体属于物。工程承包合同、委托监理合同的客体属于行为。工程设计合同的客体属于智力成果。

12. 【答案】A
    【解析】事件是指不以合同法律关系主体的主观意志为转移而发生的，当事人无法预见和控制的，能够引起合同法律关系产生、变更、消灭的客观现象。事件可分为自然事件和社会事件两种，如地震、台风等属于自然事件，战争、罢工、禁运等属于社会事件。

13. 【答案】BCD
    【解析】合同法律关系包括合同法律关系主体、合同法律关系客体、合同法律关系内容三个要素。

14. 【答案】C

【解析】作为合同法律关系主体的自然人必须具备相应的民事权利能力和民事行为能力。

15. 【答案】ABC

【解析】法人应当依法成立。法人应当有自己的名称、组织机构、住所、财产或者经费。

16. 【答案】BCE

【解析】合同法律关系客体，是指参加合同法律关系的主体享有的权利和承担的义务所共同指向的对象。合同法律关系的客体主要包括物、行为、智力成果。

17. 【答案】A

【解析】货币作为一般等价物也是法律意义上的物，可以作为合同法律关系的客体，如借款合同等。

18. 【答案】C

【解析】智力成果是通过人的智力活动所创造出的精神成果，包括知识产权、技术秘密及在特定情况下的公知技术。如专利权、工程设计等，都有可能成为合同法律关系的客体。

19. 【答案】DE

【解析】合同法律关系的内容是指合同约定和法律规定的权利和义务。合同法律关系的内容是合同的具体要求，决定了合同法律关系的性质，它是连接主体的纽带。

20. 【答案】D

【解析】选项A错误，法律事实包括事件和行为。事件是指不以合同法律关系主体的主观意志为转移而发生的，当事人无法预见和控制的，能够引起合同法律关系产生、变更、消灭的客观现象。选项B错误，事件可分为自然事件和社会事件，罢工属于社会事件。选项C错误，行为是指法律关系主体有意识的活动，能够引起法律关系发生变更和消灭的行为。行政行为和发生法律效力的法院判决、裁定以及仲裁机构裁决等属于行为。

考点 2 代理关系

21. 【答案】B

【解析】代理的特征：①代理人必须在代理权限范围内实施代理行为；②代理人以被代理人的名义实施代理行为；③代理人在被代理人的授权范围内独立地表现自己的意志，具体表现为代理人有权自行解决他如何向第三人作出意思表示，或者是否接受第三人的意思表示；④被代理人对代理行为承担民事责任，既包括对代理人在执行代理任务中的合法行为承担民事责任，也包括对代理人不当代理行为承担民事责任。

22. 【答案】AC

【解析】以代理权产生的依据不同，可将代理分为委托代理、法定代理。

23. 【答案】B

【解析】施工企业法定代表人代表企业参加施工投标属于代表行为。

24. 【答案】A

【解析】代理人应当在授权范围内行使代理权，如果授权范围不明确，则应当由被代理人（单位）向第三人承担民事责任（第一责任），代理人"在被代理人无法承担责任的基础上"负连带责任（第二责任）。

25. 【答案】ACE

    【解析】无权代理的情形：①没有代理权而为的代理行为；②超越代理权限而为的代理行为；③代理权终止后的代理行为。

26. 【答案】B

    【解析】选项A错误，选项B正确，无权代理的法律后果：被代理人可以行使"追认权"，将无权代理行为转化为合法的代理行为，由被代理人承担民事责任；可以行使"拒绝权"，由行为人承担民事责任。选项C、D错误，第三人事后知道对方为无权代理的：①可以向"被代理人"行使"催告权"，催告被代理人自收到通知之日起一个月内予以追认；被代理人未作表示的，视为拒绝追认。②在被代理人追认前可以行使"撤销权"，撤销应当以通知的方式作出。

27. 【答案】CDE

    【解析】委托代理关系终止的原因：①代理期限届满或者代理事务完成；②被代理人取消委托或代理人辞去委托；③代理人丧失民事行为能力；④代理人或被代理人死亡；⑤作为被代理人或者代理人的法人、非法人组织终止。

28. 【答案】D

    【解析】代理是代理人以被代理人的名义实施的法律行为，所以在代理关系中所设定的权利义务，应当直接归属被代理人享受和承担。此题背景中施工企业为被代理人，施工企业法定代表人为代理人。合同义务应由施工企业承担。

29. 【答案】AD

    【解析】代理具有以下特征：①代理人必须在代理权限范围内实施代理行为；②代理人在被代理人的授权范围内可以独立地表现自己的意志；③代理人以被代理人的名义实施代理行为；④被代理人对代理行为承担民事责任，既包括对代理人在执行代理任务中的合法行为承担民事责任，也包括对代理人不当代理行为承担民事责任。

30. 【答案】B

    【解析】在委托人的授权范围内，招标代理机构从事的代理行为，其法律责任由发包人（建设单位）承担。

31. 【答案】B

    【解析】以代理权产生的依据不同，可将代理分为委托代理和法定代理。在工程建设中涉及的代理主要是委托代理，如项目经理作为施工企业的代理人、总监理工程师作为监理单位的代理人、工程招标代理机构作为建设单位的代理人等。

32. 【答案】AC

    【解析】项目经理是施工企业的代理人。根据代理的特征，由被代理人对项目经理的代理行为承担民事责任。项目经理部属于法人的职能部门，不能够成为合同法律关系主体，不能够成为被代理人。

33. 【答案】D

    【解析】在工程建设中涉及的代理主要是委托代理，如项目经理作为施工企业的代理人、总监理工程师作为监理单位的代理人、工程招标代理机构作为建设单位的代理人等。

34. 【答案】ACD

    【解析】无权代理是指行为人没有代理权而以他人名义进行民事、经济活动。无权代理包括以下三种情况：①没有代理权而为的代理行为；②超越代理权限而为的代理行为；③代理权终止后的代理行为。对于无权代理行为，被代理人可以根据无权代理行为的后果对自己有利或不利的原则，行使"追认权"或"拒绝权"。行使追认权后，将无权代理行为转化为合法的代理行为。

35. 【答案】ABCE

    【解析】委托代理授权采用书面形式的，授权委托书应当载明代理人的姓名或者名称、代理事项、权限和期限，并由被代理人签名或者盖章。

考点 3　民事责任

36. 【答案】ACD

    【解析】民事责任包括：①合同责任，如违约责任、缔约过失责任；②侵权责任。

37. 【答案】ABE

    【解析】民事责任承担方式包括停止侵害，排除妨碍，消除危险，返还财产，恢复原状，修理、重作、更换，继续履行，赔偿损失，支付违约金，消除影响、恢复名誉，赔礼道歉。

38. 【答案】BC

    【解析】工程监理单位与承包单位串通，为承包单位谋取非法利益，给建设单位造成损失的，应当与承包单位承担连带赔偿责任。责任人各自责任份额的确定：根据各自责任大小确定；难以确定责任大小的，平均承担责任。连带责任人向权利人承担责任时，责任人之间有连带关系，任一责任人向权利人承担责任的义务不仅限于自己责任份额，对权利人要求对超过自己责任份额的部分承担责任的请求无权拒绝，向权利人承担责任后，有权就实际承担责任超过自己责任份额的部分，向其他连带责任人追偿。

39. 【答案】ABCE

    【解析】选项 A 错误，当事人一方不履行合同义务或者履行合同义务不符合约定的，应当承担继续履行、采取补救措施或赔偿损失等违约责任。选项 B 错误，当事人一方明确表示或者以自己的行为表明不履行合同义务的，对方可以在履行期限届满之前要求其承担违约责任。选项 C 错误，建设工程未经竣工验收，发包人擅自使用后，又以使用部分质量不符合约定为由主张权利的，不予支持。选项 E 错误，资质出借方与借用方对建设工程质量不合格等因出借资质造成的损失承担连带赔偿责任。

第三节　合同担保

考点 1　担保方式

1. 【答案】D

    【解析】保证是指保证人和债权人约定，当债务人不履行债务时，保证人按照约定履行债务或者承担责任的行为。

2. 【答案】ABCE

【解析】选项 D 错误，当事人对保证方式没有约定或者约定不明确的，按照一般保证承担保证责任。

3. 【答案】ABC

【解析】以下组织不能作为保证人：①学校、幼儿园、医院等以公益为目的的事业单位、社会团体（绝对不能）；②企业法人的职能部门（绝对不能）；③企业法人的分支机构，但企业法人的分支机构有法人书面授权的，可以在授权范围内提供保证（相对不能）；④国家机关，经国务院批准为使用外国政府或者国际经济组织贷款进行转贷的除外（相对不能）。

4. 【答案】ADE

【解析】选项 B、C 错误，保证期间债权人与债务人协议变更主合同或者债权人许可债务人转让债务的，应当取得保证人的书面同意，否则保证人不再承担保证责任。保证合同另有约定的按照约定。

5. 【答案】ACDE

【解析】《民法典》规定，债务人或者第三人有权处分的下列财产可以抵押：①建筑物和其他土地附着物；②建设用地使用权；③海域使用权；④生产设备、原材料、半成品、产品；⑤正在建造的建筑物、船舶、航空器；⑥交通运输工具；⑦法律、行政法规未禁止抵押的其他财产。根据上述法条，选项 A、C 可以抵押。选项 D 不属于公益设施，可以抵押。选项 E 属于耕地集体土地使用权，《民法典》中已把其从不得抵押的财产中删除，所以也可抵押。违章建筑属于有争议的财产不得抵押，故选项 B 不可抵押。

6. 【答案】A

【解析】抵押是指债务人或者第三人向债权人以不转移占有的方式提供一定的财产作为抵押物，用以担保债务履行的担保方式。抵押物为不动产，抵押权自登记时设立。不动产抵押权必须登记后才能设立，所以未办理登记导致该题中的抵押权并未设立。抵押权未设立，也就谈不上对抗善意第三人。

7. 【答案】A

【解析】抵押人转让抵押物的价款，超过债权的部分归抵押人所有，不足部分由债务人清偿。抵押权不得与债权分离而单独转让。

8. 【答案】ACD

【解析】同一财产向两个以上债权人抵押的，拍卖、变卖抵押财产所得的价款依照下列规定清偿：①抵押权已登记的先于未登记的受偿。②抵押权已登记的，按照登记的先后顺序清偿；顺序相同的，按照债权比例清偿。③抵押权未登记的，按照债权比例清偿。

9. 【答案】C

【解析】选项 A 错误，抵押物可以是债务人的财产。选项 B 错误，质物包括动产。选项 D 错误，质权人有优先受偿权。

10. 【答案】C

【解析】动产质押的设立，质权自交付时设立。

11. 【答案】ADE

    【解析】质物包括动产和权利，不包括不动产，也不涉及不动产权利。

12. 【答案】CD

    【解析】留置权是一种法定物权，不能通过合同约定产生留置权。留置权行使条件：①债务人不履行到期债务；②留置的动产应当是债权人（债权关系发生前）已经合法占有的债务人动产；③留置的动产应当与债权属于同一法律关系（有牵连关系），但企业之间留置的除外；④法律规定或者当事人约定不得留置的动产，不得留置。

13. 【答案】A

    【解析】定金合同自定金交付时生效。

14. 【答案】DE

    【解析】保证只能由第三人提供。抵押、质押由债务人或者第三人提供。

15. 【答案】D

    【解析】保证：不提供担保物。抵押：担保物可以是不动产、动产。质押：担保物可以是动产、权利。

16. 【答案】A

    【解析】动产抵押权以签订合同作为设立要件。动产质权、定金以交付作为设立要件。

17. 【答案】D

    【解析】如果物保由债务人自己提供，债权人应当先就该物的担保实现债权；如果物保由第三人提供，债权人可以就物的担保实现债权，也可以要求保证人承担保证责任。

18. 【答案】B

    【解析】保证法律关系至少必须有三方参加，即保证人、被保证人（债务人）和债权人。

19. 【答案】B

    【解析】具有代为清偿债务能力的法人、其他组织或者公民，可以作为保证人。以下组织不能作为保证人：①企业法人的分支机构、职能部门。企业法人的分支机构有法人书面授权的，可以在授权范围内提供保证。②国家机关，经国务院批准为使用外国政府或者国际经济组织贷款进行转贷的除外。③学校、幼儿园、医院等以公益为目的的事业单位、社会团体。

20. 【答案】B

    【解析】以下组织不能作为保证人：①企业法人的分支机构、职能部门。企业法人的分支机构有法人书面授权的，可以在授权范围内提供保证。②国家机关，经国务院批准为使用外国政府或者国际经济组织贷款进行转贷的除外。③学校、幼儿园、医院等以公益为目的的事业单位、社会团体。

21. 【答案】ACDE

    【解析】保证合同应包括以下内容：①被保证的主债权种类、数额；②债务人履行债务的期限；③保证的方式；④保证担保的范围；⑤保证的期间；⑥双方认为需要约定的其他事项。

22. 【答案】ACDE

【解析】保证担保的范围包括主债权及利息、违约金、损害赔偿金及实现债权的费用；保证合同另有约定的，按照约定；当事人对保证担保的范围没有约定或者约定不明确的，保证人应当对全部债务承担责任。

23. 【答案】C

【解析】当事人对保证担保的范围没有约定或者约定不明确的，保证人应当对全部债务承担责任。一般保证的保证人未约定保证期间的，保证期间为主债务履行期届满之日起6个月。

24. 【答案】A

【解析】抵押是指债务人或者第三人向债权人以不转移占有的方式提供一定的财产作为抵押物，用以担保债务履行的担保方式。债务人不履行债务时，债权人有权依照法律规定以抵押物折价或者从变卖抵押物的价款中优先受偿。其中债务人或者第三人称为抵押人，债权人称为抵押权人，提供担保的财产为抵押物。

25. 【答案】B

【解析】抵押是指债务人或者第三人向债权人以不转移占有的方式提供一定的财产作为抵押物，用以担保债务履行的担保方式。可以抵押的财产包括不动产和动产，提单属于权利凭证，可用于质押，不得用于抵押。

26. 【答案】BCDE

【解析】选项A错误，根据《民法典》第四百零三条，以动产抵押的，抵押权自抵押合同生效时设立；未经登记，不得对抗善意第三人。

27. 【答案】B

【解析】定金合同要采用书面形式，并在合同中约定交付定金的期限，定金合同从实际交付定金之日生效。

28. 【答案】A

【解析】定金的数额由当事人约定，但不得超过主合同标的额的20%。

29. 【答案】C

【解析】当事人在保证合同中对保证方式没有约定或约定不明确的，保证人按照一般保证方式承担保证责任。

30. 【答案】BCD

【解析】债务人或者第三人有权处分的下列财产可以抵押：①建筑物和其他土地附着物；②建设用地使用权；③海域使用权；④生产设备、原材料、半成品、产品；⑤正在建造的建筑物、船舶、航空器；⑥交通运输工具；⑦法律、行政法规未禁止抵押的其他财产。

考点 2 保证在建设工程中的应用

31. 【答案】CD

    【解析】选项 A 错误，投标人应提交规定金额的投标保证金，数额不得超过招标项目估算价的 2%。选项 B 错误，投标人不按照招标文件要求在开标前以有效形式提交投标保证金的，该投标文件将被否决。选项 E 错误，投标保证金的有效期与投标有效期一致，从提交投标文件的截止之日起算，至招标文件规定的投标有效期截止时间。

32. 【答案】BC

    【解析】选项 A 错误，施工投标保证金的数额一般不超过招标项目估算价的 2%。选项 D 错误，履约担保书的担保额度是合同价格的 30%。选项 E 错误，施工预付款担保的金额与预付款金额相同。

33. 【答案】B

    【解析】招标人最迟应当在书面合同签订后 5 日内向中标人和未中标的投标人退还投标保证金及银行同期存款利息。

34. 【答案】A

    【解析】建设工程招投标过程中，有下列任何情况发生时，投标保证金将被没收：①投标人在投标函格式中规定的投标有效期内撤回其投标；②中标人在规定期限内无正当理由未能根据规定签订合同，或根据规定接受对错误的修正；③中标人根据规定未能提交履约保证金；④投标人采用不正当的手段骗取中标。

35. 【答案】D

    【解析】工程勘察设计投标过程中，有下列情形之一的，投标保证金将不予退还：①投标人在投标有效期内撤销投标文件。②中标人在收到中标通知书后，无正当理由不与招标人订立合同；在签订合同时向招标人提出附加条件，或者不按照招标文件要求提交履约保证金。③发生投标人须知前附表规定的其他可以不予退还投标保证金的情形。

36. 【答案】C

    【解析】建设工程招投标过程中，有下列任何情况发生时，投标保证金将被没收：①投标人在投标函格式中规定的投标有效期内撤回其投标；②中标人在规定期限内无正当理由未能根据规定签订合同，或根据规定接受对错误的修正；③中标人根据规定未能提交履约保证金；④投标人采用不正当的手段骗取中标。

37. 【答案】B

    【解析】履约担保金可用兑现支票、银行汇票或现金支票，一般情况下额度为合同价格的 10%。

38. 【答案】A

    【解析】投标保证金数额不得超过招标项目估算价的 2%。

39. 【答案】C

    【解析】建设工程合同签订以后，发包人给承包人一定比例的预付款，但需由承包人的开户银行向发包人出具预付款担保，预付款担保的主要形式为银行保函，金额应当与预付款金额相同。预付款担保的有效期从预付款支付之日起至发包人向承包人全部收回预付款之日止。

40. 【答案】D

【解析】预付款担保的主要形式为银行保函,其主要作用是保证承包人能够按合同规定进行施工,偿还发包人已支付的全部预付金额。

第四节　工程保险

考点　工程建设涉及的主要险种

1. 【答案】B

【解析】《标准施工招标文件》(2007年版)规定,建筑工程一切险由承包人投保,承包人应以发包人和承包人的共同名义向双方同意的保险人投保。被保险人具体包括:①业主或工程所有人;②承包商或者分包商;③技术顾问,包括业主聘用的建筑师、工程师及其他专业顾问。

2. 【答案】B

【解析】建筑工程一切险的保险人对下列原因造成的损失不负责赔偿:①设计错误引起的损失和费用;②自然磨损、内在或潜在缺陷、物质本身变化、自燃、自热、氧化、锈蚀、渗漏、鼠咬、虫蛀、大气(气候或气温)变化、正常水位变化或其他渐变原因造成的保险财产自身的损失和费用;③因原材料缺陷或工艺不善引起的保险财产本身的损失以及为换置、修理或矫正这些缺点、错误所支付的费用;④非外力引起的机械或电气装置的本身损失,或施工用机具、设备、机械装置失灵造成的本身损失;⑤维修保养或正常检修的费用;⑥档案、文件、账簿、票据、现金、各种有价证券、图表资料及包装物料的损失;⑦盘点时发现的短缺;⑧领有公共运输行驶执照的,或已由其他保险予以保障的车辆、船舶和飞机的损失;⑨除非另有约定,在保险工程开始以前已经存在或形成的位于工地范围内或其周围的属于被保险人的财产的损失;⑩除非另有约定,在本保险单保险期限终止以前,保险财产中已由工程所有人签发完工验收证书或验收合格或实际占有或使用或接受的部分。

3. 【答案】ACE

【解析】建筑工程一切险的保险责任至工程所有人对部分或全部工程签发完工验收证书或验收合格,或工程所有人实际占用或使用或接受该部分或全部工程之时终止,以先发生者为准。但在任何情况下,保险人承担损害赔偿义务的期限不超过保险单明细表中列明的建筑期保险终止日。

4. 【答案】ABDE

【解析】在保险期间内,被保险人从事建筑施工及与建筑施工相关的工作时,或在施工现场及施工指定的生活区域内遭受意外伤害,保险人依约定给付保险金,且给付各项保险金之和不超过保险金额。

5. 【答案】CE

【解析】选项A错误，被保险人自意外伤害发生之日起180日内因该事故死亡的，保险人按保险金额给付死亡保险金，本保险合同对该被保险人的保险责任终止。选项B错误，被保险人因遭受意外伤害事故且自该事故发生日起下落不明，后经人民法院宣告死亡的，保险人按保险金额给付身故保险金。选项C正确，选项D错误，被保险人因遭受意外伤害事故，并自事故发生之日起180日内因该事故造成保险合同所列残疾程度之一者，保险人按该表所列给付比例乘以保险金额给付残疾保险金；如第180日治疗仍未结束的，按第180日的身体情况进行残疾鉴定，并据此给付残疾保险金。选项E正确，保险人依约给付保险金，且给付各项保险金之和不超过保险金额。

6. 【答案】C

【解析】工程提前竣工的，保险责任自行终止；延长工期的，应当办理保险顺延手续。因故停工的，需书面通知保险人并办理保险期间顺延手续。工程停工期间，保险责任中止，保险人不承担保险责任。

7. 【答案】CD

【解析】选项A、B错误，按被保险人人数投保时，其投保人数必须占约定承保团体人员的75%以上，且投保人数不低于5人。选项C正确，凡年满16周岁至65周岁、能够正常工作或劳动、从事建筑管理或作业、并与施工企业建立劳动关系的人员均可作为被保险人。选项D正确，被保险人因遭受意外伤害以外的原因失踪而被法院宣告死亡者，保险人不承担给付保险金责任。选项E错误，按照被保险人人数计收保险费的，自保险人同意承保、收取保险费并签发保险单的次日零时起，至约定的终止日的24时止。

8. 【答案】B

【解析】建筑工程一切险往往还加保第三者责任险。第三者责任险是指凡工程期间的保险有效期内因工地上发生意外事故造成工地及邻近地区的第三者人身伤亡或财产损失，依法应由被保险人承担的经济赔偿责任。

9. 【答案】ABDE

【解析】选项C，外力引起的机械或电气装置的本身损失属于建筑一切险的责任范围。

10. 【答案】A

【解析】建筑工程一切险的保险责任至工程所有人对部分或全部工程签发完工验收证书或验收合格，或工程所有人实际占用或使用或接受该部分或全部工程之时终止，以先发生者为准。但在任何情况下，保险人承担损害赔偿义务的期限不超过保险单明细表中列明的建筑期保险终止日。

11. 【答案】A

【解析】对于安装工程一切险，保险人对下列原因造成的损失和费用，负责赔偿：①自然灾害；②意外事故。选项B、C、D均属于除外责任。

12. 【答案】BE

【解析】安装工程一切险的保险人对下列原因造成的损失和费用负责赔偿：①自然灾害，指地震、海啸、雷电、飓风、台风、龙卷风、风暴、暴雨、洪水、水灾、冻灾、冰雹、地崩、山崩、雪崩、火山爆发、地面下陷下沉及其他人力不可抗拒的破坏力强大的自然现象;②意外事故,指不可预料的以及被保险人无法控制并造成物质损失或人身伤亡的突发性事件,包括火灾和爆炸。

13. 【答案】A

【解析】安装工程一切险的保险期限,通常应以整个工期为保险期限。

14. 【答案】D

【解析】选项A错误,按被保险人人数投保时,其投保人数必须占约定承保团体人员的75%以上,且投保人数不低于5人。选项B错误,团体意外伤害保险合同的保险责任一般包括身故保险责任和伤残保险责任。选项C错误,凡年满16周岁(含16周岁,下同)至65周岁、能够正常工作或劳动、从事建筑管理或作业、并与施工企业建立劳动关系的人员均可作为被保险人。选项D正确,工程停工期间,保险责任中止,保险人不承担保险责任。

15. 【答案】CE

【解析】建筑工程一切险的保险人对下列原因造成的损失和费用负责赔偿:①自然灾害;②意外事故。选项A、B、D均属于除外责任。

16. 【答案】C

【解析】保险人对下列原因造成的损失和费用负责赔偿:①自然灾害,指地震、海啸、雷电、飓风、台风、龙卷风、风暴、暴雨、洪水、水灾、冻灾、冰雹、地崩、山崩、雪崩、火山爆发、地面下陷下沉及其他人力不可抗拒的破坏力强大的自然现象;②意外事故,指不可预料的以及被保险人无法控制并造成物质损失或人身伤亡的突发性事件,如火灾和爆炸等。

第二章　建设工程勘察设计招标

第一节　工程勘察设计招标特征及方式

> **重难点：**
> 1. 工程勘察设计招标特征。
> 2. 工程勘察设计招标方式的分类。
> 3. 可以邀请招标的情形。
> 4. 可以不进行招标的情形。

考点 1　工程勘察设计招标特征

1. 【单选】关于设计招标与工程项目实施阶段其他招标在程序上的主要区别，说法错误的是（　　）。
   A. 虽然设计投标报价占项目总投资额的比例不大，但设计方案对工程项目往往更具全局性、长效性和创新性影响
   B. 招标人可以不征得未中标人的书面同意，直接采用其投标文件中的技术方案，但应给予合理的使用费
   C. 设计方案的优劣往往需要经过较长时间的检验，不易在短期内准确地量化评判
   D. 设计招标可以按设计工作深度的不同分期进行，但设计进度计划需要满足总体投资计划及配合施工安装和采购工作的要求

2. 【多选】工程设计招标与施工招标相比，主要特征有（　　）。
   A. 设计工作无具体量化的工作量，灵活性较大
   B. 设计方案对工程项目投资更具全局性影响
   C. 招标人可以给予未中标的有效投标人费用补偿
   D. 招标工作量大、要求评标专家人数多
   E. 可允许投标人提供备选投标方案

3. 【单选】工程设计投标时，投标书中首先提出的内容是（　　）。
   A. 设计构思和初步方案　　　　　　　B. 设计报价和进度安排
   C. 设计概算和初步构思　　　　　　　D. 设计方案和设计概算

考点 2 工程勘察设计招标方式

4.【单选】下列属于公开招标优点的是（　　）。
   A. 投标人及投标人的数量事先可以确定
   B. 招标人所期待的投标人均参加了投标
   C. 所有符合条件的有兴趣的单位均可以参加投标
   D. 招标人熟悉投标人的情况

5.【单选】采用设计方案招标时，评标委员会评审的内容不包括（　　）。
   A. 设计方案的功能、技术、经济和美观
   B. 设计方案符合城乡规划、城市设计
   C. 设计方案符合安全、绿色、节能、环保要求
   D. 项目解读、设计构思

6.【单选】下列依法必须招标的建设工程项目，经有关部门批准，可以不进行设计招标的是（　　）。
   A. 能够满足条件的勘察设计单位少于 5 家的
   B. 建筑功能有特殊要求的
   C. 主要工艺、技术采用不可替代专利、专有技术的
   D. 涉及国家安全、国家秘密，而不适宜公开招标的

7.【多选】关于工程设计招标方式的说法，错误的有（　　）。
   A. 所有的工程设计都应当通过招标发包
   B. 依法必须招标的工程设计，对国有资金占控股地位的，应当公开招标
   C. 工程设计公开招标的，应当通过国家指定的媒介发布招标公告
   D. 工程设计邀请招标的，应当邀请 5 个以上单位参加投标
   E. 依法应当公开招标的工程设计，对于技术复杂的，可以邀请招标

8.【多选】根据《招标投标法实施条例》，对于属于依法必须公开招标范围内的项目，可以采取邀请招标的情形有（　　）。
   A. 工期较长的
   B. 技术复杂、只有少量潜在投标人可供选择的
   C. 采用公开招标方式的费用占项目合同金额的比例较大的
   D. 需要采用两阶段招标的
   E. 实施工程总承包的

9.【多选】与公开招标相比，邀请招标的特点有（　　）。
   A. 以投标邀请书的形式邀请投标人
   B. 邀请投标人的数量须在 5 家以上
   C. 招标人对潜在投标人能力较为了解
   D. 适合于投标资质要求高的重大工程
   E. 招投标周期缩短且评标工作量小

10. 【多选】根据《工程建设项目勘察设计招标投标办法》，工程勘察设计可以不进行招标的情形有（　　）。

    A. 建设单位依法能够自行勘察、设计
    B. 能满足技术条件的勘察设计单位少于3家
    C. 抢险救灾情况紧急不适宜进行招标
    D. 项目投资大、工期长，能胜任的勘察设计单位较少
    E. 建设单位已有长期合作的勘察设计单位

第二节　工程勘察设计招标主要工作内容

> **重难点：**
> 1. 工程勘察设计招标应具备的条件。
> 2. 招标公告和投标邀请书的内容。
> 3. 对投标人的资格要求及对投标单位的资格审查。
> 4. 工程勘察设计招标文件的内容、要求及澄清。

考点 1　工程勘察设计招标应具备的条件

1. 【单选】下列关于依法必须进行勘察设计招标的工程建设项目招标时应具备的条件，不正确的是（　　）。

    A. 按照国家有关规定需要履行工程项目审批手续的，已履行审批手续，取得批准
    B. 所必需的勘察设计基础资料已经收集完成
    C. 建设所需资金已经落实
    D. 法律法规规定的其他条件

2. 【多选】依法必须进行勘察设计招标的项目，招标时应具备的条件有（　　）。

    A. 招标人已经依法成立
    B. 已确定勘察设计单位初选名单
    C. 勘察设计资金来源已经落实
    D. 必需的勘察设计基础资料已收集完成
    E. 已组织投标申请人踏勘现场

考点 2　勘察设计投标人资格审查

3. 【多选】工程设计招标中，审查投标人资格时，不属于能力审查内容的有（　　）。

    A. 企业资质
    B. 法定代表人的设计资格和能力
    C. 各类设计人员的专业覆盖面

D. 各级职称人员的年龄比例

E. 同类工程设计经验

4. 【多选】下列关于建设工程勘察专业资质的说法，正确的有（   ）。

   A. 只设甲、乙两级

   B. 可设甲、乙、丙三级

   C. 可以承接本专业相应等级的工程勘察业务

   D. 可以承接的勘察业务也可以由具有建设工程勘察综合资质的单位承接

   E. 可以承接本专业范围内的工程勘察劳务业务

5. 【多选】下列关于建设工程设计专业资质的说法，正确的有（   ）。

   A. 只设甲、乙、丙三级

   B. 可设甲、乙、丙、丁四级

   C. 可以承接本专业相应等级的工程设计业务

   D. 可以承接本专业范围内各等级的专项工程设计业务

   E. 可以承接的设计业务也可以由具有建设工程设计综合资质的单位承接

6. 【多选】违反《建设工程勘察设计管理条例》规定，设计单位超越本单位资质等级承包工程的，对设计单位的处罚方式包括（   ）。

   A. 降低资质等级

   B. 没收违法所得

   C. 责令停业整顿

   D. 吊销营业执照

   E. 责令停止违法行为

7. 【单选】根据《建设工程勘察设计管理条例》，工程设计单位超越资质等级许可范围承揽工程设计任务的，将被处合同约定的工程设计费（   ）的罚款。

   A. 3倍以上5倍以下

   B. 2倍以上3倍以下

   C. 1倍以上3倍以下

   D. 1倍以上2倍以下

考点 3　工程勘察设计招标文件的编制

8. 【多选】工程设计的阶段范围包括（   ）。

   A. 可行性设计　　　　　　　　B. 方案设计

   C. 初步设计　　　　　　　　　D. 详细设计

   E. 施工图设计

9. 【多选】工程勘察的工作范围包括（   ）中的一项或多项工作。

   A. 工程测量　　　　　　　　　B. 编制竣工图

   C. 施工配合　　　　　　　　　D. 参加竣工验收

   E. 参加试车

10.【单选】下列关于联合体投标的说法，正确的是（　　）。
   A. 联合体各方就中标项目向招标人承担按份责任
   B. 联合体可按照资质等级较高的单位确定资质等级
   C. 联合体参加方又以自己的名义单独投标，则该单独投标无效，但不影响联合体投标
   D. 联合体各方应当签订联合体协议，明确约定各方工作和责任，并将该协议连同投标文件一并提交招标人

11.【单选】下列关于建设工程设计发包与承包，做法不正确的是（　　）。
   A. 经主管部门批准，发包方将采用不可替代的专利或专有技术的建设工程设计直接发包
   B. 经发包方书面同意，承包方将建设工程设计主体部分分包给其他设计单位
   C. 根据合同约定，承包方不通过招标将建设工程设计非主体部分分包给其他设计单位
   D. 承包方与分包方就分包项目向发包方承担连带责任

12.【多选】勘察设计招标人在招标文件中要求投标人提交投标保证金的，投标保证金不得超过（　　）。
   A. 勘察设计估算费用的1%
   B. 勘察设计估算费用的2%
   C. 勘察设计估算费用的3%
   D. 10万元
   E. 5万元

13.【单选】对投标人就招标文件提出的问题，招标人的正确处理方式是（　　）。
   A. 澄清仅发给提出问题的投标人
   B. 澄清应说明问题的来源
   C. 距投标截止日期20天前发出澄清的，延长投标截止日期
   D. 对于规定时间后提出的澄清请求不予回复

14.【单选】投标人或者利害关系人对招标文件有异议时，应当至少在投标截止时间（　　）日前，以书面形式提出。
   A. 5   B. 10
   C. 15   D. 20

15.【单选】关于联合体资质等级的确定，下列说法正确的是（　　）。
   A. 由多家单位组成的联合体，按资质等级较低的确定
   B. 由多家单位组成的联合体，按资质等级较高的确定
   C. 由同一专业的单位组成的联合体，按资质等级较低的确定
   D. 由同一专业的单位组成的联合体，按资质等级较高的确定

16.【单选】根据《标准勘察招标文件》，下列属于勘察招标文件内容的是（　　）。
   A. 勘察机构设置
   B. 勘察工作难点分析
   C. 发包人要求

D. 勘察工作具体措施

17. 【多选】根据《标准设计招标文件》中的通用合同条款，设计人应在工程施工期间提供的设计配合服务工作有（　　）。
    A. 审查勘察作业安全措施计划
    B. 进行设计技术交底
    C. 参与施工过程及工程竣工验收
    D. 参与工程试运行
    E. 配合施工单位编制施工方案

18. 【单选】根据《标准设计招标文件》，除投标人须知前附表另有约定的，投标有效期为（　　）日。
    A. 30   B. 60
    C. 90   D. 120

19. 【单选】根据《标准勘察招标文件》，属于"勘察服务"内容的是（　　）。
    A. 进行技术交底   B. 提供施工配合
    C. 评估工程条件   D. 参加竣工验收

20. 【单选】根据《标准勘察招标文件》，属于"勘察纲要"内容的是（　　）。
    A. 勘察安全保证措施   B. 勘察成果文件
    C. 勘察人资质文件   D. 勘察分包合同

21. 【单选】根据《标准设计招标文件》，属于设计招标文件中"发包人要求"内容的是（　　）。
    A. 设计文件审查要求   B. 适用规范标准
    C. 设计工作计划   D. 设计方案说明

22. 【单选】某施工项目，单位甲和单位乙组成联合体投标，其中单位甲投入编制投标文件人手多，单位乙承担投标施工项目工作量大，则该联合体投标后，其履行担保应由（　　）递交。
    A. 单位甲   B. 单位乙
    C. 单位甲、乙共同   D. 联合体牵头单位

23. 【单选】根据《标准勘察招标文件》中的通用合同条款，勘察人按合同约定制订勘察纲要，进行测绘、勘探、取样和试验，分析和评估地质特征，编制勘察报告等工作属于（　　）。
    A. 地质开发服务   B. 勘察服务
    C. 设计服务   D. 测量测绘服务

24. 【单选】工程设计投标时，投标人提交的设计费用清单中，投标报价应包括的内容是（　　）。
    A. 招标文件中列明的暂定金额   B. 国家规定的增值税税金
    C. 招标文件需求列明的暂估价   D. 国家规定的规费金额

考点 4 组织踏勘现场

25. 【单选】下列关于组织踏勘现场的说法，正确的是（　　）。
    A. 由招标人按招标文件规定的时间、地点组织
    B. 投标人参加踏勘现场发生的费用由招标人承担
    C. 踏勘现场应当由全体投标人参加
    D. 招标人对投标人根据其在踏勘现场中介绍的情况作出的判断和决策负责

第三节　工程勘察设计开标和评标

> **重难点：**
> 1. 工程勘察设计的开标。
> 2. 工程勘察设计的评标（评标委员会、评标程序及方法、备选投标方案的确定及投标否决）。
> 3. 确定中标人及签订合同。

考点 1 工程勘察设计的开标

1. 【单选】对于电子招投标，投标人递交电子投标文件的时间为（　　）。
    A. 电子投标文件上传完成时间
    B. 电子招标投标交易平台收到电子投标文件时间
    C. 电子招标投标交易平台递交回执通知发出时间
    D. 电子招标投标交易平台递交回执通知载明的传输完成时间

2. 【多选】根据《招标投标法》，关于勘察设计开标的说法，正确的有（　　）。
    A. 应当在招标文件确定的时间公开进行
    B. 由招标代理机构主持并邀请所有投标人参加
    C. 首先检查投标文件的密封情况，再按照报价高低排定标价次序
    D. 由投标人自己说明投标方案的基本构思和意图
    E. 对开标的异议应当在开标结束后提出，招标人应当场作出答复，并制作记录

3. 【单选】关于工程勘察、设计开标评标的说法，正确的是（　　）。
    A. 投标人在开标现场对开标提出的异议，招标人有权不予答复
    B. 评标委员会由招标人代表和有关专家组成，应为5人以上单数
    C. 开标应在招标文件确定的提交投标文件截止时间后的3日内进行
    D. 投标报价偏差率的计算方法应由评标委员会成员在评标时确定

考点 2 工程勘察设计的评标

4.【多选】建筑工程设计方案评标时,评标委员会人数和专家比例正确的有( )。
   A. 5人以上
   B. 9人以上
   C. 技术和经济方面的专家不得少于成员总数的2/3
   D. 建筑专业专家不得少于成员总数的2/3
   E. 建筑专业专家不得少于技术和经济方面专家总数的2/3

5.【多选】采用综合评估法对勘察设计投标文件进行详细评审时的内容包括( )。
   A. 形式评审
   B. 资格评审
   C. 响应性评审
   D. 设计方案评审
   E. 投标报价评审

6.【多选】评标委员会成员对需要共同认定的事项存在争议时,下列处理正确的有( )。
   A. 应当根据评标委员会主席的意见作出结论
   B. 应当根据多数成员的意见作出结论
   C. 持不同意见的成员可以口头说明不同意见及理由,评标报告应当注明该不同意见
   D. 持不同意见的成员应当在评标报告上签署不同意见及理由
   E. 未在评标报告上签署不同意见及理由的成员,视为不同意评标报告

7.【单选】某项目招标文件中投标人须知前附表规定允许递交备选投标方案,则评标委员会会对( )递交的备选投标方案予以考虑。
   A. 所有投标人
   B. 通过初步评审的投标人
   C. 中标候选人
   D. 中标人

8.【多选】下列投标情形中,应被否决的有( )。
   A. 与招标代理机构相互参股的
   B. 与其他投标人委托同一单位办理投标事宜的
   C. 不按评标委员会要求澄清或说明的
   D. 被评标委员会认定以低于成本报价竞标的
   E. 承诺的投标有效期长于招标文件规定的

9.【单选】根据《标准设计招标文件》,工程设计投标文件在初步评审阶段的评审内容是( )。
   A. 形式评审、设计方案评审、报价评审
   B. 形式评审、资格评审、响应性评审
   C. 资格评审、响应性评审、设计方案评审
   D. 资格评审、报价评审、设计方案评审

10.【单选】根据《标准设计招标文件》,工程设计评标中发现有两家投标单位的综合评分相等时,应以( )的优先。
   A. 设计方案得分高
   B. 设计资质等级高

C. 投标报价低 D. 项目负责人业绩优

11. 【单选】工程施工评标中，投标人竞标报价是否低于其成本，应当由（　　）认定。
   A. 招标人 B. 评标委员会
   C. 招投标监督机构 D. 市场监督管理机构

12. 【单选】根据《标准勘察招标文件》，评标委员会成员对需要共同认定的事项存在争议，评标结论应当（　　）作出。
   A. 征询招标人意见后 B. 根据评标委员会负责人意见
   C. 由招标管理机构 D. 按照少数服从多数原则

13. 【单选】某工程施工投标文件中承诺的投标有效期短于招标文件规定的时间，则对该投标人的正确处理方式是（　　）。
   A. 没收该投标人的投标保证金 B. 否决该投标人的投标
   C. 要求该投标人延长投标有效期 D. 由招标人与该投标人商讨补缴办法

14. 【单选】采用综合评估法进行施工评标时，评标基准价的计算方法应在（　　）明确。
   A. 评标办法前附表 B. 招标公告
   C. 资格预审公告 D. 投标邀请书

考点 3　确定中标人及签订合同

15. 【多选】设计招标中，评标委员会推荐中标候选人的做法正确的有（　　）。
   A. 推荐能够最大限度满足招标文件中规定的各项综合评价标准的投标人为中标候选人
   B. 中标候选人最多不超过 5 人
   C. 按综合得分由高到低的顺序推荐中标候选人
   D. 综合评分相等时，以投标报价低的优先推荐中标候选人
   E. 当综合评分和投标报价相等时，按照评标办法前附表的规定确定中标候选人

16. 【多选】国有资金控股必须依法招标的项目，招标人可以选择排名第二的中标候选人为中标人的情形有（　　）。
   A. 排名第一的中标候选人放弃中标
   B. 排名第一的中标候选人因不可抗力提出不能履行合同
   C. 招标人认为排名第一的中标候选人价格提高
   D. 第一中标候选人未按招标文件要求提交履约保证金
   E. 第一中标候选人未接受招标人提出缩短工期要求

17. 【单选】根据《标准勘察招标文件》，招标人应按投标人须知前附表规定的媒介和期限公示中标候选人，公示期不得少于（　　）日。
   A. 3 B. 5
   C. 7 D. 10

参考答案及解析

第二章 建设工程勘察设计招标

第一节 工程勘察设计招标特征及方式

考点 1 工程勘察设计招标特征

1. 【答案】B

   【解析】选项 B 错误，设计招标人如果要采用未中标人投标文件中的技术方案，应征得未中标人的书面同意并给予合理的使用费。

2. 【答案】ABC

   【解析】选项 A 正确，设计招标通常只能向潜在投标人提供项目概况、功能要求等工程前期的初步性基础资料，且无具体量化的工作量，灵活性较大，更多还要依赖投标单位专业设计人员发挥技术专长和创造力，提供智力成果。选项 B 正确，虽然设计投标报价占项目总投资额的比例不大，但设计方案对工程项目往往更具全局性、长效性和创新性影响。设计招标可以根据具体情况，确定投标经济补偿费标准和奖励办法，对未能中标的有效投标人给予费用补偿，对选为优秀设计方案的投标人给予奖励，选项 C 正确。选项 D、E 的特征与具体招标项目要求有关系，与工程设计招标、施工招标无关系。

3. 【答案】A

   【解析】在投标书编制要求上，设计投标首先提出设计构思和初步方案，并论述该方案的优点和实施计划，在此基础上进一步提出报价。而不像施工招标，是按规定的工程量清单填报报价后算出总价。

考点 2 工程勘察设计招标方式

4. 【答案】C

   【解析】公开招标的缺点：①招标人事先难以预计有哪些投标人、投标人的数量有多少；②招标人可能不熟悉某些投标人的情况；③招标人所期待的投标人可能并未参加投标等。

5. 【答案】D

   【解析】设计方案招标是指主要通过对投标人提交的设计方案进行评审确定中标人。评标委员会应当在符合城乡规划、城市设计以及安全、绿色、节能、环保要求的前提下，重点对设计方案的功能、技术、经济和美观等进行评审。

6. 【答案】C

   【解析】依法必须招标的项目，经批准可以不进行招标的情形：①涉及国家安全、国家秘密、抢险救灾或属于利用扶贫资金实行以工代赈、需要使用农民工等特殊情况，而不适宜招标；②采购人或已通过招标方式选定的特许经营项目投资人依法能够自行勘察、设计；③已建成项目需要改、扩建或者技术改造，由其他单位进行设计影响项目功能配套性；④主要工艺、技术采用不可替代的专利、专有技术；⑤建筑艺术造型有特殊要求；⑥技术复杂或专业性强，能够满足条件的勘察设计单位少于3家，不能形成有效竞争。

7. 【答案】ADE

   【解析】选项A错误，属于依法必须招标的情形，该项目必须招标发包。选项D错误，邀请招标的，应当邀请3个以上单位参加投标。选项E错误，必须公开招标的项目，经批准可以邀请招标的情形：①技术复杂、有特殊要求或者受自然环境限制，只有少量潜在投标人可供选择；②采用公开招标方式所需费用占项目合同金额比例过大。

8. 【答案】BC

   【解析】根据《招标投标法实施条例》的规定，依法必须进行招标的项目，应当采用公开招标。但有下列情形之一的，可以邀请招标：①技术复杂、有特殊要求或者受自然环境限制，只有少量潜在投标人可供选择；②采用公开招标方式的费用占项目合同金额的比例过大。

9. 【答案】ACE

   【解析】邀请招标的优点为：①招标人对所有发出投标邀请书的投标单位的信用和能力均予信任；②投标人及投标人的数量事先可以确定；③缩短了招投标周期；④评标工作量小。其缺点为：①由于邀请参加投标的单位数量有限，一些符合条件的潜在竞争者可能未能在邀请之列，而漏掉更具优势的单位；②不能充分体现公开竞争、机会均等的原则。

10. 【答案】ABC

    【解析】有下列情形之一的，经项目审批，核准部门审批、核准，项目的勘察设计可以不进行招标：①涉及国家安全、国家秘密、抢险救灾或者属于利用扶贫资金实行以工代赈、需要使用农民工等特殊情况，不适宜进行招标；②主要工艺、技术采用不可替代的专利或者专有技术，或者其建筑艺术造型有特殊要求；③采购人依法能够自行勘察、设计；④已通过招标方式选定的特许经营项目投资人依法能够自行勘察、设计；⑤技术复杂或专业性强，能够满足条件的勘察设计单位少于3家，不能形成有效竞争；⑥已建成项目需要改、扩建或者技术改造，由其他单位进行设计影响项目功能配套性；⑦国家规定其他特殊情形。

第二节　工程勘察设计招标主要工作内容

考点 1　工程勘察设计招标应具备的条件

1. 【答案】C

   【解析】工程勘察设计招标应具备的条件：①招标人已经依法成立；②按照国家有关规定需要履行项目审批、核准或者备案手续的，已经审批、核准或者备案；③勘察设计有相应资金或者资金来源已经落实；④所必需的勘察设计基础资料已经收集完成；⑤法律法规规定的其他条件。

2. 【答案】ACD

【解析】根据现行规定，依法必须进行勘察设计招标的工程建设项目，在招标时应当具备下列条件：①招标人已经依法成立；②按照国家有关规定需要履行项目审批、核准或备案手续的，已经审批、核准或备案；③勘察设计有相应资金或者资金来源已经落实；④所必需的勘察设计基础资料已经收集完成；⑤法律法规规定的其他条件。

考点 2 勘察设计投标人资格审查

3.【答案】ABDE

【解析】判定投标人是否具备承担勘察设计任务的能力，通常要进一步审查投标单位人员的技术力量。人员的技术力量主要考察勘察设计负责人的资格和能力，各类勘察设计人员的专业覆盖面、人员数量和各级职称人员的比例等是否满足完成工程设计的需要。

4.【答案】BCD

【解析】取得工程勘察综合资质的企业，可以承接各专业（海洋工程勘察除外）、各等级工程勘察业务。工程勘察专业资质设甲、乙、丙三级，取得该资质的企业可以承接相应专业、相应等级的工程勘察业务。

5.【答案】BCE

【解析】取得工程设计综合资质的企业，可以承接各行业、各等级的工程设计业务。工程设计专业资质设甲、乙、丙、丁四级，取得该资质的企业可以承接本专业相应等级的工程设计业务、本专业范围内同级别的专项工程设计业务（设计施工一体化资质除外）。

6.【答案】ABCE

【解析】根据《建设工程勘察设计管理条例》规定，建设工程勘察、设计单位应当在其资质等级许可的范围内承揽建设工程勘察、设计业务。违反该规定的，责令停止违法行为，处合同约定的勘察费、设计费1倍以上2倍以下的罚款，有违法所得的，予以没收；可以责令停业整顿，降低资质等级；情节严重的，吊销资质证书。

7.【答案】D

【解析】根据《建设工程勘察设计管理条例》，建设工程勘察、设计单位应当在其资质等级许可的范围内承揽建设工程勘察、设计业务。违反规定的，责令停止违法行为，处合同约定的勘察费、设计费1倍以上2倍以下的罚款，有违法所得的，予以没收；可以责令停业整顿，降低资质等级；情节严重的，吊销资质证书。

考点 3 工程勘察设计招标文件的编制

8.【答案】BCE

【解析】工程设计的阶段范围包括工程建设程序中的方案设计、初步设计、扩大初步（招标）设计、施工图设计等阶段中的一个或多个阶段。

9.【答案】ACDE

【解析】工程勘察的工作范围包括工程测量、岩土工程勘察、岩土工程设计（如有）、提供技术交底、施工配合、参加试车（试运行）、竣工验收和发包人委托的其他服务中的一项或多项工作。

10. 【答案】D

【解析】联合体各方就中标项目向招标人承担连带责任。由同一专业的单位组成的联合体，按照资质等级较低的单位确定资质等级。联合体各方不得再以自己的名义单独或参加其他联合体在本招标项目中投标，否则相关投标均无效。

11. 【答案】B

【解析】选项 B 错误，禁止将主体、关键性工作的施工分包给第三方（不论发包方是否同意）。

12. 【答案】BD

【解析】投标保证金数额一般不超过勘察设计估算费用的 2%，最多不超过 10 万元人民币。

13. 【答案】D

【解析】选项 A、B 错误，澄清应发给所有购买招标文件的投标人，但不指明澄清问题的来源。选项 C 错误，澄清发出的时间距投标截止时间不足 15 日的，并且澄清内容可能影响投标文件编制的，将相应延长投标截止时间。

14. 【答案】B

【解析】对投标文件的异议应当在投标截止时间 10 日前，以书面形式提出。

15. 【答案】C

【解析】由同一专业的单位组成的联合体，按照资质等级较低的单位确定其资质等级。

16. 【答案】C

【解析】勘察设计招标文件应当包括下列内容：①招标公告或投标邀请书；②投标人须知；③评标办法；④合同条款及格式；⑤发包人要求；⑥投标文件格式；⑦投标人须知前附表规定的其他资料。

17. 【答案】BC

【解析】"设计服务"包括：编制设计文件和设计概算、预算，提供技术交底、施工配合，参加竣工验收或发包人委托的其他服务。

18. 【答案】C

【解析】除投标人须知前附表另有规定外，投标有效期为 90 日。

19. 【答案】C

【解析】"勘察服务"包括：制订勘察纲要，进行测绘、勘探、取样和试验等，查明、分析和评估地质特征和工程条件，编制勘察报告和提供发包人委托的其他服务。"设计服务"包括：编制设计文件和设计概算、预算，提供技术交底、施工配合，参加竣工验收或发包人委托的其他服务。

20. 【答案】A

【解析】勘察纲要或设计方案应包括下列内容：①勘察设计工程概况；②勘察设计范围及内容；③勘察设计依据及工作目标；④勘察设计机构设置及岗位职责；⑤勘察设计说明，勘察、设计方案；⑥拟投入的勘察设计人员；⑦勘察设备（适用于勘察投标）；⑧勘察设计质量、进度、保密等保证措施；⑨勘察设计安全保证措施；⑩勘察设计工作重点和难点分析；⑪对本工程勘察设计的合理化建议。

21. 【答案】B

【解析】发包人要求通常包括勘察或设计要求、适用规范标准、成果文件要求、发包人财产清单、发包人提供的便利条件、勘察人或设计人需要自备的工作条件、发包人的其他要求。

22. 【答案】D

【解析】联合体投标的，其投标保证金由牵头人递交，并应符合投标人须知前附表的规定。

23. 【答案】B

【解析】"勘察服务"包括：制订勘察纲要，进行测绘、勘探、取样和试验等，查明、分析和评估地质特征和工程条件，编制勘察报告和提供发包人委托的其他服务。

24. 【答案】B

【解析】投标文件中的勘察设计费用清单一般应包括：勘察设计费用分项名称；计算依据、过程及公式；金额；合计报价等。投标报价应包括国家规定的增值税税金。

考点 4 | 组织踏勘现场

25. 【答案】A

【解析】选项 B 错误，投标人应自理准备和参加投标活动、踏勘现场发生的费用。选项 C 错误，部分投标人未按时参加踏勘现场的，不影响踏勘现场的正常进行。选项 D 错误，招标人在踏勘现场中介绍的工程场地和相关的周边环境情况，供投标人在编制投标文件时参考，招标人不对投标人据此作出的判断和决策负责。

第三节 工程勘察设计开标和评标

考点 1 | 工程勘察设计的开标

1. 【答案】D

【解析】对于电子招投标，投标人完成电子投标文件上传后，电子招标投标交易平台即时向投标人发出递交回执通知，递交时间以递交回执通知载明的传输完成时间为准。

2. 【答案】AD

【解析】选项 B 错误，开标由招标人主持并邀请所有投标人参加。选项 C 错误，开标时应首先检查投标文件的密封情况，再按照规定的开标顺序当众开标。选项 E 错误，投标人对开标有异议的，应当在开标现场提出，招标人应当场作出答复，并制作记录。

3. 【答案】B

【解析】选项 A 错误，投标人对开标有异议的，应当在开标现场提出，招标人应当场作出答复，并制作记录。选项 B 正确，工程勘察、设计评标由评标委员会负责，评标委员会由招标人代表和有关专家组成，评标委员会人数为 5 人以上单数，其中技术和经济方面的专家不得少于成员总数的 2/3。选项 C 错误，工程勘察、设计招标的开标应当在招标文件确定的提交投标文件截止时间的同一时间公开进行。选项 D 错误，投标报价以偏差率为评分因素并规定相应的评分标准，评标办法中应列明评标基准价的计算方法和投标报价的偏差率计算公式。

考点 2 工程勘察设计的评标

4. 【答案】CE

   【解析】评标委员会人数为 5 人以上单数。其中技术和经济方面的专家不得少于成员总数的 2/3；建筑工程设计方案评标时，建筑专业专家不得少于技术和经济方面专家总数的 2/3。

5. 【答案】DE

   【解析】采用综合评估法对勘察设计投标文件进行详细评审时的内容包括：①资信业绩；②勘察纲要或设计方案；③投标报价；④其他因素。

6. 【答案】BD

   【解析】评标委员会成员对需要共同认定的事项存在争议的，应当按照少数服从多数的原则作出结论。持不同意见的评标委员会成员应当在评标报告上签署不同意见及理由，否则视为同意评标报告。

7. 【答案】D

   【解析】如招标人允许递交备选投标方案，只有中标人所递交的备选投标方案方可予以考虑。

8. 【答案】ABCD

   【解析】选项 A，属于否决投标情形中的投标人不符合国家或者招标文件规定的资格条件。选项 B，属于否决投标情形中的投标人有串通投标、弄虚作假、行贿等违法行为。选项 C，属于否决投标情形中的投标文件没有对招标文件的实质性要求和条件作出响应。选项 D，评标委员会认定投标人以低于成本报价竞标，可直接否决其投标。

9. 【答案】B

   【解析】依据国家发展改革委员会等九部委《标准勘察招标文件》和《标准设计招标文件》，在初步评审阶段，应进行形式评审、资格评审和响应性评审。

10. 【答案】C

    【解析】工程设计评标中应按得分由高到低的顺序推荐中标候选人，或根据招标人授权直接确定中标人。如综合评分相等时，以投标报价低的优先。

11. 【答案】B

    【解析】评标委员会发现投标人的报价明显低于其他投标报价，使得其投标报价可能低于其个别成本的，应当要求该投标人作出书面说明并提供相应的证明材料，投标人不能合理说明或者不能提供相应证明材料的，评标委员会应当认定该投标人以低于成本报价竞标，并否决其投标。

12. 【答案】D

    【解析】评标委员会成员对需要共同认定的事项存在争议，按照少数服从多数原则作出结论。

13. 【答案】B

【解析】投标文件中承诺的投标有效期短于招标文件规定的时间，属于投标文件没有对招标文件的实质性要求和条件作出响应，评标委员会应当否决其投标。

14. 【答案】A

    【解析】投标报价以偏差率为评分因素并规定相应的评分标准。评标办法中应列明评标基准价的计算方法和投标报价的偏差率计算公式。评标基准价的计算方法应在评标办法前附表中明确。

考点 3 确定中标人及签订合同

15. 【答案】ACD

    【解析】推荐的中标候选人应当限定在1～3人，并标明排列顺序。推荐顺序确定：①按综合得分由高到低的顺序推荐中标候选人；②综合评分相等时，以投标报价低的优先；③投标报价也相等的，以勘察纲要或设计方案得分高的优先；④如果勘察纲要或设计方案得分也相等，则按照评标办法前附表的规定确定中标候选人顺序。

16. 【答案】ABD

    【解析】排名第一的中标候选人放弃中标、因不可抗力提出不能履行合同，不按照招标文件要求提交履约保证金，或者被查实存在影响中标结果的违法行为等情形，不符合中标条件时，招标人可以按照评标委员会提出的中标候选人名单排序依次确定其他人为中标人。

17. 【答案】A

    【解析】招标人应在收到评标委员会的评标报告之日起 3 日内，按照投标人须知前附表规定的公示媒介和期限公示中标候选人，公示期不得少于 3 日。

第三章　建设工程施工招标及工程总承包招标

第一节　工程施工招标方式和程序

> **重难点：**
> 1. 工程施工招标方式（公开招标、邀请招标）。
> 2. 工程施工招标程序及对应要求。

考点 1　工程施工招标方式

1. 【单选】关于《标准施工招标文件》中"评标办法前附表"的说法，正确的是（　　）。
   A. 行业标准施工招标文件应不加修改地引用《标准施工招标文件》中的"评标办法前附表"
   B. "评标办法前附表"用于明确资格审查和评标的方法、因素、标准和程序
   C. "评标办法前附表"可以与"评标办法"的内容相抵触
   D. "评标办法前附表"无需考虑招标项目的具体特点和实际需要

2. 【多选】公开招标与邀请招标相比，主要特点有（　　）。
   A. 有利于公平竞争
   B. 有利于缩短招标时间
   C. 资格预审工作量大
   D. 以招标公告形式告知潜在投标人
   E. 有利于节省招标费用

3. 【单选】与邀请招标方式相比，公开招标方式在招标程序上的主要差别是（　　）。
   A. 增加投标文件形式审查环节
   B. 增加投标文件响应性审查环节
   C. 设置资格预审程序
   D. 设置资格后审程序

考点 2　工程施工招标程序

4. 【单选】在确定国有资金占控股地位的依法必须招标项目的中标人时，做法正确的

是（　　）。

A. 招标代理机构获得授权后确定中标人

B. 通常确定排名第一的中标候选人为中标人

C. 排名第一的中标候选人放弃中标，可以重新招标

D. 根据评标委员会的书面评标报告和推荐的中标候选人确定中标人

5.【多选】下列有关招标投标签订合同的说法，正确的有（　　）。

A. 中标人无正当理由拒签合同，应取消其中标资格，但投标保证金应予退还

B. 招标人无正当理由拒签合同，投标保证金不予退还

C. 应当在中标通知书发出之日起30日内签订合同

D. 应当根据招标公告和投标文件签订合同

E. 联合体中标的，由联合体牵头人与招标人签订合同

6.【单选】下列关于建设工程项目招标的说法，正确的是（　　）。

A. 招标人既可以自行招标，也可以委托招标

B. 招标人有编制招标文件的能力时可以自行招标

C. 招标代理机构应当有符合规定条件的专家库

D. 招标代理机构应当有从事招标代理业务的营业场所和相应资金

7.【多选】已履行项目审批手续的招标项目，开始招标前还需向建设行政主管部门进行备案的事项有（　　）。

A. 招标文件　　　　　　　　　B. 招标范围

C. 招标方式　　　　　　　　　D. 招标组织形式

E. 中标人

8.【多选】《简明标准施工招标文件》适用的项目有（　　）。

A. 小型项目

B. 设计和施工由同一承包人承担的项目

C. 技术要求复杂的项目

D. 工期不超过12个月的项目

E. 对施工阶段有较高的管理和协调能力要求的项目

9.【单选】根据《标准施工招标文件》，下列属于标准施工招标文件组成的是（　　）。

A. 招标公告或投标邀请书

B. 申请人须知

C. 已标价的工程量清单

D. 发包人要求

10.【多选】根据《标准施工招标文件》，公开招标条件下，所发布的招标公告内容包括（　　）。

A. 招标条件　　　　　　　　　B. 招标范围

C. 项目概况　　　　　　　　　D. 开标程序

E. 投标人须知

11. 【多选】关于组织资格预审，下列说法正确的有（　　）。
   A. 资格预审文件的发售时间应不少于5日
   B. 给潜在投标人准备资格预审申请文件的时间应不少于10日
   C. 资格预审文件的澄清或者修改应至少在提交资格预审申请文件截止时间3日前通知
   D. 申请人对资格预审文件的异议应当在递交资格预审申请文件截止时间5日前提出
   E. 招标人应当组建资格审查委员会进行资格审查

12. 【单选】下列关于评标专家的确定方式，说法正确的是（　　）。
   A. 采取随机抽取或者直接确定的方式确定
   B. 一般项目可以由招标人直接确定
   C. 特殊项目可以采取随机抽取的方式
   D. 特殊项目是指技术复杂、专业性强或者国家有特殊要求的招标项目

13. 【单选】下列关于评标专家必须满足的条件，说法不正确的是（　　）。
   A. 从事相关专业领域工作满8年
   B. 具有高级职称
   C. 熟悉有关招标投标的法律法规
   D. 与投标人没有利益关系

14. 【单选】关于评标委员会的说法，正确的是（　　）。
   A. 评标委员会成员的名单应当在中标结果确定前保密
   B. 评标委员会成员的名单应当在开标后确定
   C. 评标委员会中的技术专家不得多于成员总数的2/3
   D. 评标委员会中的专家一律采取随机抽取方式确定

15. 【多选】评标委员会成员不能包括（　　）。
   A. 招标人代表
   B. 招标人上级主管代表
   C. 技术专家
   D. 行政监督部门代表
   E. 投标人的近亲属

16. 【单选】某项目招标，投标截止时投标人少于3家，这时应当（　　）。
   A. 与相对接近要求的投标人协商，改为议标确定中标人
   B. 改为直接发包
   C. 用原招标文件重新招标
   D. 修改招标文件后重新招标

17. 【多选】根据《招标投标法》，应当由招标人或者招标代理机构在发出招标公告后至开标前完成的工作包括（　　）。
   A. 组建评标委员会
   B. 编写招标文件
   C. 进行资格预审
   D. 接收投标文件
   E. 组织现场踏勘

18. 【多选】根据《标准施工招标文件》，组成施工招标文件的有（　　）。
   A. 投标人须知
   B. 发包人要求

C. 图纸及工程量清单 D. 合同条款及格式

E. 技术标准和要求

19. 【单选】《简明标准施工招标文件》的适用对象是（　　）。

    A. 设计和施工由同一承包人承担的工程

    B. 总投资为9 000万元的非政府投资工程

    C. 工期为10个月的小型工程

    D. 工期紧、技术难度大的工程

20. 【单选】根据《标准施工招标文件》，属于施工招标文件主要内容的是（　　）。

    A. 资格预审公告　　　　　　　　　　　B. 申请人须知

    C. 招标公告　　　　　　　　　　　　　D. 资格审查办法

21. 【单选】根据《标准施工招标文件》，施工评标办法应在（　　）中明确规定。

    A. 招标文件　　　　　　　　　　　　　B. 招标公告

    C. 资格预审文件　　　　　　　　　　　D. 资格预审公告

22. 【单选】某工程，施工招标时设有标底，编制标底依据的文件是（　　）。

    A. 工程量清单

    B. 承包人的施工方案

    C. 发包人要求的项目功能文件

    D. 发包人提供的设计任务书

23. 【单选】招标人组织施工现场踏勘后，需要对招标文件进行澄清修改的，招标人应在招标文件要求提交投标文件的截止时间至少（　　）日前，以书面形式通知所有招标文件收受人。

    A. 2　　　　　　　　　　　　　　　　B. 5

    C. 10　　　　　　　　　　　　　　　　D. 15

24. 【单选】建设工程项目施工评标委员会人数应为5人以上单数，其中技术、经济等方面的专家不得少于总人数的（　　）。

    A. 1/2　　　　　　　　　　　　　　　 B. 1/3

    C. 2/3　　　　　　　　　　　　　　　 D. 3/4

25. 【单选】依法必须招标的项目，评标委员会成员人数组成应当至少为（　　）。

    A. 3人以上单数　　　　　　　　　　　B. 4人以上

    C. 5人以上单数　　　　　　　　　　　D. 7人以上单数

26. 【单选】对于技术复杂、专业性强的招标项目，从专家库中随机抽取的评标专家难以保证胜任评标工作的，可以由（　　）直接确定评标专家。

    A. 招投标监督机构

    B. 上级主管部门

    C. 招标代理机构

    D. 招标人

27. 【单选】根据《标准施工招标文件》中的通用合同条款，施工合同签订前，中标人应按招标文件规定向招标人提交的凭证是（　　）。

A. 投标保证金

B. 预付款担保

C. 履约担保

D. 质量管理体系认证文件

28.【单选】某工程施工招标时，评标委员会成员拟由9人组成，根据《招标投标法》，其中技术、经济等方面的专家应不少于（　　）人。

A. 4   B. 5
C. 6   D. 7

29.【单选】某政府投资项目，采用公开招标方式选择施工承包商，招标文件规定的开标日为2021年6月1日，投标有效期至2021年8月30日止。该项目如期开标，并于2021年6月7日完成评标，6月11日向中标人发出中标通知书，则招标人与中标人最迟应在2021年（　　）订立书面合同。

A. 6月27日   B. 7月11日
C. 8月1日   D. 8月30日

30.【多选】根据《标准施工招标文件》，关于招标阶段组织现场踏勘的说法，正确的有（　　）。

A. 招标人应鼓励投标人自主完成现场踏勘

B. 投标人应自行承担踏勘现场所发生的费用

C. 招标人应为任何原因导致投标人踏勘现场中所发生的人员伤亡负责

D. 招标人踏勘现场时可以介绍工地情况，供投标人参考

E. 招标人应在投标截止时间15日前组织现场踏勘

31.【多选】根据《标准施工招标文件》，工程施工招标的开标记录表应记录的内容有（　　）。

A. 投标人资质   B. 投标保证金
C. 履约保证金   D. 投标报价
E. 质量目标

32.【单选】根据《招标投标法实施条例》，投标申请人对资格预审文件有异议的，应在递交资格预审文件截止时间（　　）日前向招标人提出。

A. 7   B. 5
C. 3   D. 2

33.【单选】根据《标准施工招标文件》，招标人按（　　）中说明的时间和地点召开投标预备会。

A. 招标公告   B. 投标人须知
C. 资格预审公告   D. 投标邀请书

第二节 投标人资格审查

> **重难点：**
> 1. 标准资格预审文件组成及具体内容。
> 2. 资格预审公告主要内容。
> 3. 资格审查办法（合格制、有限数量制）。

考点 1 标准资格预审文件的组成

1. 【多选】下列关于对投标人资格审查的说法，正确的有（　　）。
   A. 公开招标对投标人的资格审查通常采用资格预审的方式
   B. 资格预审工作应当由评标委员会于发售招标文件前完成
   C. 由于对邀请对象的基本情况和能力有一定的了解，邀请招标一般采用资格后审
   D. 资格后审应当由评标委员会在开标后完成
   E. 资格预审与资格后审对投标人资格审查的时间不同，并且资格后审要严于资格预审

2. 【单选】招标人编制的施工招标资格预审文件应不加修改地引用《标准施工招标资格预审文件》中的（　　）。
   A. 资格预审公告
   B. 资格审查办法
   C. 申请人须知前附表
   D. 评标办法

3. 【单选】关于施工投标人资格预审和资格后审的说法，正确的是（　　）。
   A. 资格预审适用于邀请招标方式
   B. 资格后审适用于投标人数量较多的情形
   C. 鼓励同时采用资格预审和资格后审
   D. 资格预审与资格后审的审查内容一致

4. 【多选】工程施工投标资格预审公告应包括的内容有（　　）。
   A. 招标条件   B. 项目概况与招标范围
   C. 资格预审方法   D. 申请人资格要求
   E. 投标保证金要求

考点 2 资格预审公告

5. 【单选】施工招标中，对投标申请人进行资格预审可采用的方法是（　　）。
   A. 合格制和淘汰制   B. 有限数量制和淘汰制
   C. 资质合格制和有限数量制   D. 合格制和有限数量制

考点 3 资格审查办法

6. 【多选】下列施工招标中投标人资格预审的内容，属于详细审查的有（　　）。
   A. 申请函的签字盖章
   B. 资质条件
   C. 财务状况
   D. 项目经理资格
   E. 企业信誉

7. 【多选】关于资格预审申请文件的澄清，下列说法正确的有（　　）。
   A. 资格审查委员会可以要求申请人进行必要的澄清
   B. 申请人可以主动提出澄清，资格审查委员会应当接受
   C. 经资格审查委员会同意，申请人的澄清可以改变资格预审申请文件的实质性内容
   D. 申请人的澄清内容属于资格预审申请文件的组成部分
   E. 申请人的澄清可以采用口头形式

8. 【单选】资格审查方法分为合格制和有限数量制两种，二者的区别主要体现在（　　）。
   A. 审查程序
   B. 审查因素
   C. 合格者数量限制
   D. 澄清要求

9. 【多选】某项目招标的资格预审文件中规定，采用限制合格者数量为6家的方式。关于该招标项目资格预审合格者的确定，说法正确的有（　　）。
   A. 如果通过详细评审申请人的数量为5家，则均通过资格预审
   B. 如果通过详细评审申请人的数量为6家，则均通过资格预审
   C. 如果通过详细评审申请人的数量为7家，则改变预审合格标准，不限制合格者数量
   D. 如果通过详细评审申请人的数量为8家，则对各申请人的详细评审各项要素予以评分，选取排名前六的申请人通过资格预审
   E. 如果通过详细评审申请人的数量为2家，则只能重新组织资格预审

10. 【单选】资格预审时，对投标人资格审查采用打分量化的方法是（　　）。
    A. 有限数量限制法
    B. 合格制法
    C. 标准化法
    D. 综合记分法

11. 【多选】关于施工招标中对投标申请人资格预审申请文件的澄清和说明，说法正确的有（　　）。
    A. 对资格预审申请文件要求澄清和说明的通知应发给所有申请人
    B. 申请人的澄清不得改变资格预审申请文件的实质性内容
    C. 申请人的澄清和说明内容属于资格预审申请文件的组成部分
    D. 招标人和审查委员会应拒绝申请人主动提出的澄清和说明
    E. 申请人可以主动提出资格预审申请文件的澄清或说明

12. 【多选】资格预审阶段，资格审查委员会对施工项目投标人的资格审查分初步审查和详细审查两个阶段，属于初步审查内容的有（　　）。
    A. 企业资质条件
    B. 项目经理资格
    C. 企业信誉
    D. 申请人的名称

E. 申请文件的格式

13.【单选】投标人资格审查办法有两种,分别是( )。
   A. 合格制和有限数量制
   B. 有限合格制和固定数量制
   C. 合格制和有限合格制
   D. 固定数量制和有限数量制

第三节　施工评标办法

> **重难点：**
> 1. 最低评标价法（经评审的最低投标价法）。
> 2. 综合评估法。

考点 1　最低评标价法（经评审的最低投标价法）

1.【单选】某施工项目招标，采用经评审的最低投标价法评标，评标排名前2位的投标人为甲、乙。甲的投标报价为5 000万元，评标价为4 990万元；乙的投标报价为5 030万元，评标价为4 980万元，则中标人和中标价格分别为( )。
   A. 甲，5 000万元
   B. 甲，4 990万元
   C. 乙，5 030万元
   D. 乙，4 980万元

2.【多选】投标报价有算术错误的，评标委员会按( )原则对投标报价进行修正。
   A. 投标文件中的大写金额与小写金额不一致的，以小写金额为准
   B. 投标文件中的大写金额与小写金额不一致的，以大写金额为准
   C. 总价金额与依据单价计算出的结果不一致的，以总价金额为准
   D. 总价金额与依据单价计算出的结果不一致的，以单价金额为准修正总价
   E. 评标委员会对投标报价进行修正后，即对投标人具有约束力

3.【多选】采用最低评标价法对施工项目投标文件进行初步评审时的内容包括( )。
   A. 形式评审
   B. 资格评审
   C. 响应性评审
   D. 项目管理机构评审
   E. 单价遗漏

4.【多选】采用最低评标价法对施工项目投标文件进行详细评审时，属于施工组织设计评审内容的有( )。
   A. 项目经理的任职资格
   B. 施工方案与技术措施的合理性
   C. 各专业人员数量的合理性
   D. 资源配置计划的合理性

E. 工程进度计划与措施的科学性和合理性

5. 【单选】施工评标过程中，发现投标报价大写金额与小写金额不一致时，评标委员会正确的处理办法是（　　）。

   A. 以小写金额为准修正投标报价并经投标人书面确认

   B. 以大写金额为准修正投标报价并经投标人书面确认

   C. 由投标人书面澄清，按大写或按小写金额来计算投标报价

   D. 将该投标文件直接作废标处理

6. 【多选】根据《标准施工招标文件》，评标委员会对投标报价进行的响应性评审内容有（　　）。

   A. 投标文件格式　　　　　　　　　B. 投标有效期
   C. 投标保证金　　　　　　　　　　D. 已标价工程量清单
   E. 安全生产许可证

7. 【多选】根据《标准施工招标文件》，施工评标中，对施工组织设计和项目管理机构的评审内容包括（　　）。

   A. 施工方案与技术措施

   B. 质量、安全、环境保护管理体系与措施

   C. 工程进度计划、资源配置计划

   D. 技术负责人及主要管理人员配置

   E. 工程投资绩效评审方案

8. 【单选】某工程，施工招标文件规定的评标方法为最低评标价法。现有三家单位投标，甲投标报价6 050万元，评标价6 000万元；乙投标报价6 200万元，评标价5 950万元；丙投标报价5 950万元，评标价6 050万元，则中标单位及签约合同价分别为（　　）。

   A. 乙，5 950万元　　　　　　　　B. 乙，6 200万元
   C. 丙，5 950万元　　　　　　　　D. 丙，6 050万元

9. 【单选】对于具有通用技术和性能标准，大多数施工单位均能承担的施工项目，宜采用的评标方法是（　　）。

   A. 经评审的最低投标价法　　　　　B. 有限数量评审法
   C. 最低投标价法　　　　　　　　　D. 综合评估法

10. 【多选】根据《标准施工招标文件》，采用经评审的最低投标价法评标时，初步评审的标准有（　　）。

    A. 资格评审标准　　　　　　　　　B. 形式评审标准
    C. 施工组织设计评审标准　　　　　D. 付款条件评审标准
    E. 项目管理机构评审标准

11. 【多选】根据《标准施工招标文件》，关于投标报价算术错误处理的说法，正确的有（　　）。

    A. 投标文件中大写金额与小写金额不一致的，以大写金额为准

    B. 依据单价计算出的结果与总价金额不一致的，以总价金额为准

C. 评标委员会对发现算术错误的报价可直接修正，并对投标人有约束力

D. 投标文件中发现报价金额小数点有明显错误的，应予否决投标

E. 投标人不接受对其投标报价的算术错误进行修正的，应予否决投标

考点 2　综合评估法

12.【多选】施工招标采用综合评估法，评标委员会推荐中标候选人的做法，正确的有（　　）。

　　A. 推荐满足招标文件中规定的各项综合评价标准最低要求的投标人为中标候选人

　　B. 中标候选人最多不超过 3 人

　　C. 按综合得分由高到低的顺序推荐中标候选人

　　D. 综合得分相等时，以投标报价低的优先推荐中标候选人

　　E. 当综合得分和投标报价相等时，以施工方案得分高的优先推荐中标候选人

13.【单选】采用综合评估法评标时，应根据投标人报价和（　　）计算投标报价偏差率。

　　A. 投标限价　　　　　　　　　　　B. 评标基准价

　　C. 最低评标价　　　　　　　　　　D. 投标平均价

14.【单选】某大型复杂工程，施工技术要求高，对性能有特殊要求，则施工招标适宜采用的评标方法是（　　）。

　　A. 综合评估法　　　　　　　　　　B. 综合评价法

　　C. 最低评标价法　　　　　　　　　D. 最低投标价法

15.【单选】根据《标准施工招标文件》，工程施工评标中，有两家不同报价的投标单位综合评分相等时，应以（　　）优先。

　　A. 投标报价低的单位　　　　　　　B. 资质等级高的单位

　　C. 施工组织设计得分高的单位　　　D. 对招标人提出较多优惠条件的单位

第四节　工程总承包招标

> **重难点：**
> 1. 工程总承包招标程序及具体内容。
> 2. 标准设计施工总承包招标文件内容。

考点　工程总承包招标程序

1.【多选】《标准设计施工总承包招标文件》的组成包括（　　）。

　　A. 招标公告　　　　　　　　　　　B. 申请人须知

　　C. 评标办法　　　　　　　　　　　D. 技术标准及要求

E. 发包人要求

2. 【多选】设计施工总承包招标与施工招标的不同之处在于（　　）。

   A. 招标文件不包括工程量清单、图纸、技术标准及要求等内容

   B. 编制的价格清单包含的内容与施工合同的投标报价的内容有所不同

   C. 资格审查的审查资料增加了"近年完成的类似设计施工总承包项目情况表"等内容

   D. 评标办法只包括综合评估法

   E. 投标人须知、评标办法前附表均增加了与设计有关的内容

3. 【单选】根据《标准设计施工总承包招标文件》中的投标人须知，投标人项目组织机构中应具有工程设计类注册执业资格的人员是（　　）。

   A. 设计负责人　　　　　　　　　　B. 设计专业负责人

   C. 监理工程师　　　　　　　　　　D. 项目技术负责人

4. 【单选】招标人按照投标人须知前附表要求，对于符合招标文件规定的未中标人的设计成果给予补偿后，关于该设计成果使用的说法，正确的是（　　）。

   A. 招标人应保护未中标人的知识产权且不得使用其设计成果

   B. 招标人有权免费使用未中标人的设计成果

   C. 应由中标人与未中标人协商使用其设计成果

   D. 中标人应邀请未中标人加入其设计团队并使用未中标人的设计成果

5. 【单选】与施工招标相比，工程总承包招标在投标人须知中应增加的内容是（　　）。

   A. 投标有效期

   B. 设计成果补偿办法

   C. 投标保证金的要求

   D. 投标人资格要求

参考答案及解析

第三章 建设工程施工招标及工程总承包招标

第一节 工程施工招标方式和程序

考点1 工程施工招标方式

1. 【答案】B

【解析】选项A错误，行业标准施工招标文件应不加修改地引用《标准施工招标文件》中的"投标人须知"（投标人须知前附表和其他附表除外）、"评标办法"（评标办法前附表除外）、"通用合同条款"。选项C、D错误，评标办法前附表由招标人根据招标项目具体特点和实际需要编制，用于进一步明确未尽事宜，并不得与标准文件的内容相抵触，否则抵触内容无效。

2. 【答案】ACD

【解析】公开招标是招标人通过国家指定的报刊、信息网络或者其他媒体发布招标公告，邀请不特定的法人或者组织投标。公开招标的优点是：所有符合条件的有兴趣的单位均可以参加投标，能体现出公开、公平、公正的招标原则，有利于实现充分竞争。缺点是：招标人事先难以预计有哪些投标人、投标人的数量有多少；招标人可能不熟悉某些投标人的情况；招标人所期待的投标人可能并未参加投标；周期长、工作量大、成本高。

3. 【答案】C

【解析】与邀请招标方式相比，公开招标的优点是：招标人可以在较广的范围内选择中标人，投标竞争激烈，有利于将工程项目的建设交予可靠的中标人实施并取得有竞争性的报价。其缺点是：申请投标人较多，一般要设置资格预审程序，评标的工作量也较大，所需招标时间长，费用高。

考点2 工程施工招标程序

4. 【答案】D

【解析】选项A错误，招标人可以授权评标委员会直接确定中标人，招标代理机构无权确定中标人。选项B错误，国有资金占控股地位的依法必须招标的项目，应当确定排名第一的中标候选人为中标人，是"应当"而非"通常"。选项C错误，排名第一的中标候选人放弃中标，招标人可以按照评标委员会提出的中标候选人名单排序依次确定其他中标候选人为中标人；依次确定其他中标候选人与招标人预期差距较大，或者对招标人明显不利的，招标人可以重新招标。

5. 【答案】BC

【解析】选项A错误，中标人无正当理由拒签合同，在签订合同时向招标人提出附加条件,或者不按照招标文件要求提交履约保证金的,招标人取消其中标资格,其投标保证金不予退还。选项 D 错误,招标人和中标人应当在中标通知书发出之日起 30 日内,根据招标文件和中标人的投标文件订立书面合同。选项 E 错误,联合体中标的,联合体各方应当共同与招标人签订合同,就中标项目向招标人承担连带责任。

6. 【答案】D
【解析】招标人可自行组织招标的条件:①具有编制招标文件和组织评标的能力;②具有与招标项目规模和复杂程度相适应的技术、经济等方面的专业人员。招标人如不具备自行组织招标的能力条件,应当委托招标代理机构办理招标事宜。招标代理机构应当具备的资格条件:①有从事招标代理业务的营业场所和相应资金;②有能够编制招标文件和组织评标的相应专业力量。

7. 【答案】BCD
【解析】招标备案文件应说明:招标工作范围;招标方式;计划工期;对投标人的资质要求;招标项目的前期准备工作的完成情况;自行招标还是委托代理招标等内容。

8. 【答案】AD
【解析】《简明标准施工招标文件》适用于工期不超过 12 个月、技术相对简单且设计和施工不是由同一承包人承担的小型项目。

9. 【答案】A
【解析】标准施工招标文件的组成包括招标公告或投标邀请书、投标人须知、评标办法、合同条款及格式、工程量清单、图纸、技术标准及要求、投标文件格式、投标人须知前附表规定的其他资料。

10. 【答案】ABC
【解析】招标公告内容包括:①招标条件;②项目概况与招标范围;③投标人资格要求;④招标文件的获取;⑤投标文件的递交;⑥发布公告的媒介;⑦联系方式。

11. 【答案】AC
【解析】选项 B 错误,给潜在投标人准备资格预审申请文件的时间应不少于 5 日。选项 D 错误,申请人对资格预审文件有异议,应当在递交资格预审申请文件截止时间 2 日前向招标人提出。选项 E 错误,国有资金占控股或者主导地位的依法必须进行招标的项目,招标人应当组建资格审查委员会,其他项目由招标人自行组织资格审查。

12. 【答案】A
【解析】评标委员会的专家成员应当从依法组建的专家库,采取随机抽取或者直接确定的方式确定评标专家。一般项目,可以采取随机抽取的方式;技术复杂、专业性强或者国家有特殊要求,采取随机抽取方式确定的专家难以保证胜任评标工作的项目,可以由招标人直接确定。

13. 【答案】B
【解析】评标专家应从事相关专业领域工作满 8 年并具有高级职称或者同等专业水平,并且熟悉有关招标投标的法律法规,具有与招标项目相关的实践经验,能够认真、公正、诚实、廉洁地履行职责。根据评标专家的回避规定,评价专家与投标人不得有利益关系。

14. 【答案】A

    【解析】评标委员会成员名单一般应于开标前确定,在中标结果确定前应当保密。技术、经济等方面的专家不得少于成员总数的2/3。评标委员会的专家应当从依法组建的专家库,采取随机抽取或直接确定的方式确定。

15. 【答案】BDE

    【解析】评标委员会成员有下列情形之一的,应当回避:①投标人或者投标人主要负责人的近亲属;②项目主管部门或者行政监督部门的人员;③与投标人有经济利益关系,可能影响对投标公正评审的;④曾因在招标、评标以及其他与招标投标有关活动中从事违法行为而受过行政处罚或刑事处罚的。

16. 【答案】D

    【解析】应当重新招标的情形:①投标截止时间止,投标人少于3个;②经评标委员会评审后否决所有投标。招标人应当在分析招标失败的原因并采取相应措施后再行招标。

17. 【答案】ACDE

    【解析】选项B,编写招标文件在发出招标公告前完成。

18. 【答案】ACDE

    【解析】施工招标文件包括下列内容:①招标公告或投标邀请书;②投标人须知;③评标办法;④合同条款及格式;⑤工程量清单;⑥图纸;⑦技术标准和要求;⑧投标文件格式;⑨投标人须知前附表规定的其他材料。此外,招标人对招标文件的澄清、修改,也构成招标文件的组成部分。

19. 【答案】C

    【解析】《简明标准施工招标文件》适用于依法必须进行招标的工程建设项目,工期不超过12个月、技术相对简单且设计和施工不是由同一承包人承担的小型项目。

20. 【答案】C

    【解析】选项A、B、D均属于施工招标资格预审文件的主要内容。

21. 【答案】A

    【解析】《标准施工招标文件》包括封面格式和四卷八章内容,其中,第一卷包括第一章至第五章,涉及招标公告(投标邀请书)、投标人须知、评标办法、合同条款及格式、工程量清单等内容;第二卷由第六章图纸组成;第三卷由第七章技术标准和要求组成;第四卷由第八章投标文件格式组成。标准招标文件相同序号标示的节、条、款、项、目,由招标人依据需要选择其一形成一份完整的招标文件。

22. 【答案】A

    【解析】标底的编制依据同招标控制价,工程量清单是编制依据。选项B,承包人的施工方案在标底之后才会有。选项C、D是需要给设计单位的文件。

23. 【答案】D

    【解析】需要对招标文件进行澄清修改的,招标人应在招标文件要求提交投标文件的截止时间至少15日前,以书面形式通知所有招标文件收受人。

24. 【答案】C

【解析】评标委员会由招标人或其委托的招标代理机构中熟悉相关业务的代表，以及有关技术、经济等方面的专家组成，成员人数为5人以上单数，其中技术、经济等方面的专家不得少于成员总数的2/3。

25. 【答案】C

【解析】评标委员会由招标人或其委托的招标代理机构中熟悉相关业务的代表，以及有关技术、经济等方面的专家组成，成员人数为5人以上单数。

26. 【答案】D

【解析】应当从依法组建的专家库，采取随机抽取或者直接确定的方式确定评标专家。一般项目，可以采取随机抽取的方式；技术复杂、专业性强或者国家有特殊要求的招标项目，采取随机抽取方式确定的专家难以保证胜任的，可以由招标人直接确定。

27. 【答案】C

【解析】在签订合同前，中标人应按招标文件中规定的金额、担保形式和履约担保格式向招标人提交履约担保。联合体中标的，其履约担保由牵头人递交，并应符合招标文件规定的金额、担保形式和招标文件规定的履约担保格式要求。

28. 【答案】C

【解析】评标委员会中技术、经济等方面的专家应不少于成员总数的2/3。9×2/3＝6（人）。

29. 【答案】B

【解析】招标人和中标人应当在投标有效期内，以及中标通知书发出之日起30日内，根据招标文件和中标人的投标文件订立书面合同。

30. 【答案】BD

【解析】选项A错误，招标人按招标文件规定的时间、地点统一组织投标人踏勘项目现场。选项B正确，投标人自行承担踏勘现场所发生的费用。选项C错误，除招标人的原因外，投标人自行负责在踏勘现场中所发生的人员伤亡和财产损失。选项D正确，招标人在踏勘现场中介绍的工程场地和相关的周边环境情况，供投标人在编制投标文件时参考，招标人不对投标人据此作出的判断和决策负责。选项E错误，组织踏勘现场的时间一般应在投标截止时间15日前及投标预备会召开前。

31. 【答案】BDE

【解析】施工招标开标时，按照宣布的开标顺序当众开标，公布投标人名称、标段名称、投标保证金的递交情况、投标报价、质量目标、工期及其他内容，并记录在案。

32. 【答案】D

【解析】投标申请人对资格预审文件有异议的，应在递交资格预审文件截止时间2日前向招标人提出。

33. 【答案】B

【解析】《标准施工招标文件》规定，招标人按投标人须知中说明的时间和地点召开投标预备会，澄清投标人提出的问题。

第二节 投标人资格审查

考点 1 标准资格预审文件的组成

1. 【答案】ACD
   【解析】选项B错误,资格预审由资格审查委员会或招标人自行组织完成,与评标委员会无关。选项E错误,资格预审和后审只是时间不同,审查的目的、内容、方法完全相同,不存在后审严于预审的问题。

2. 【答案】B
   【解析】招标人编制的施工招标资格预审文件应不加修改地引用《标准施工招标资格预审文件》中的"申请人须知"(申请人须知前附表除外)、"资格审查办法"(资格审查办法前附表除外)。

3. 【答案】D
   【解析】选项A错误,对于公开招标的项目,实行资格预审。选项B错误,资格后审适合于潜在投标人数量不多的通用性、标准化项目。选项C错误,资格预审和资格后审不同时使用,二者审查的时间是不同的,但审查的内容是一致的。

4. 【答案】ABCD
   【解析】资格预审公告包括招标条件、项目概况与招标范围、申请人资格要求、资格预审方法、资格预审文件的获取、资格预审申请文件的递交、发布公告的媒介和联系方式等公告内容。

考点 2 资格预审公告

5. 【答案】D
   【解析】施工招标中,资格审查分为合格制和有限数量制两种审查办法。

考点 3 资格审查办法

6. 【答案】BCDE
   【解析】详细审查因素主要包括申请人的营业执照、安全生产许可证、资质条件、财务状况、类似项目业绩、企业信誉、项目经理资格等。

7. 【答案】AD
   【解析】选项B错误,招标人和审查委员会不接受申请人主动提出的澄清或说明。选项C、E错误,申请人的澄清或说明应采用书面形式,并不得改变资格预审申请文件的实质性内容。

8. 【答案】C
   【解析】有限数量制和合格制的选择,是招标人基于潜在投标人的多少以及是否需要对人数进行限制。在审查程序、因素、标准、申请文件澄清等方面,二者并无本质或重要区别;二者的不同仅在于有限数量制在通过详细审查的申请人数量超过规定数量时,需要进行打分量化,排序选取合格者。

9. 【答案】ABD

【解析】通过详细审查的申请人数量超过规定数量的，审查委员会依据招标文件中的评分标准进行量化打分，按得分由高到低的顺序进行排序，选取规定数量的申请人通过资格预审。如果通过资格预审详细审查的申请人数量不足3家，招标人重新组织资格预审或不再组织资格预审而直接招标。

10. 【答案】A

【解析】有限数量限制法：对资格预审申请文件进行量化打分，按得分由高到低的顺序确定通过资格预审的申请人。

11. 【答案】BCD

【解析】选项A错误，审查过程中，审查委员会可以用书面形式，要求申请人对所提交的资格预审申请文件中不明确的内容进行必要的澄清或说明。选项B正确，申请人的澄清或说明应采用书面形式，并不得改变资格预审申请文件的实质性内容。选项C正确，申请人的澄清和说明内容属于资格预审申请文件的组成部分。选项D正确，选项E错误，招标人和审查委员会不接受申请人主动提出的澄清或说明。

12. 【答案】DE

【解析】初步审查的因素一般包括：申请人的名称、申请函的签字盖章、申请文件的格式、联合体申请人、资格预审申请文件的证明材料以及其他审查因素等。

13. 【答案】A

【解析】投标人资格审查分为合格制和有限数量制两种审查办法，招标人根据项目具体特点和实际需要选择适用。

第三节　施工评标办法

考点 1　最低评标价法（经评审的最低评标价法）

1. 【答案】C

【解析】衡量投标书优劣的依据是"评标价"而不是投标价。"评标价"既不是投标价也不是中标价。定标签订合同时，仍以投标价作为中标的合同价。

2. 【答案】BD

【解析】评标委员会按以下原则对投标报价进行修正：①投标文件中的大写金额与小写金额不一致的，以大写金额为准；②总价金额与依据单价计算出的结果不一致的，以单价金额为准修正总价（单价金额小数点有明显错误的除外）；③修正的价格经投标人书面确认后具有约束力，投标人不接受修正价格的，应当否决该投标人的投标。

3. 【答案】ABCD

【解析】采用最低评标价法对施工项目投标文件进行初步评审时的内容包括形式评审、资格评审、响应性评审、施工组织设计评审和项目管理机构评审。

4. 【答案】BDE

【解析】施工组织设计评审的因素一般包括施工方案与技术措施、质量管理体系与措施、安全管理体系与措施、环境保护管理体系与措施、工程进度计划与措施、资源配备计划、技术负责人、其他主要成员、施工设备、试验和检测仪器设备等。选项 A 属于资格评审标准。选项 C，并未要求各专业人员的数量。

5. 【答案】B

    【解析】投标文件中的大写金额与小写金额不一致的，以大写金额为准；总价金额与依据单价计算出的结果不一致的，以单价金额为准修正总价，但单价金额小数点有明显错误的除外。

6. 【答案】BCD

    【解析】响应性评审的因素一般包括投标内容、工期、工程质量、投标有效期、投标保证金、权利义务、已标价工程量清单、技术标准和要求等。

7. 【答案】ABCD

    【解析】施工组织设计和项目管理机构评审的因素一般包括施工方案与技术措施、质量管理体系与措施、安全管理体系与措施、环境保护管理体系与措施、工程进度计划与措施、资源配备计划、技术负责人、其他主要成员、施工设备、试验和检测仪器设备等。

8. 【答案】B

    【解析】采取的评标方法为最低评标价法，乙单位的评标价 5 950 万元为最低，因此乙单位中标，签约合同价为乙单位报价，即 6 200 万元。

9. 【答案】A

    【解析】经评审的最低评标价法一般适用于具有通用技术、性能标准或者招标人对其技术、性能标准没有特殊要求的招标项目。

10. 【答案】ABCE

    【解析】根据《标准施工招标文件》的规定，经评审的最低评标价法下的投标初步评审为形式评审、资格评审、响应性评审、施工组织设计评审和项目管理机构评审四个方面标准。

11. 【答案】AE

    【解析】评标委员会按以下原则对投标报价进行修正：①投标文件中的大写金额与小写金额不一致的，以大写金额为准；②总价金额与依据单价计算出的结果不一致的，以单价金额为准修正总价（单价金额小数点有明显错误的除外）；③修正的价格经投标人书面确认后具有约束力，投标人不接受修正价格的，应当否决该投标人的投标。

考点 2 综合评估法

12. 【答案】BCD

    【解析】中标候选人应当不超过 3 人，并标明排序。按综合得分由高到低的顺序推荐中标候选人；综合评分相等时，以投标报价低的优先；投标报价也相等的，由招标人自行确定。

13. 【答案】B

    【解析】投标报价的偏差率＝100%×（投标人报价－评标基准价）/评标基准价。

14. 【答案】A

【解析】常用的评标方法分为经评审的最低投标价法和综合评估法两种。综合评估法适用于招标人对招标项目的技术、性能有专门要求的招标项目。经评审的最低投标价法（最低评标价法）适用于具有通用技术、性能标准或者招标人对其技术、性能标准没有特殊要求的招标项目。

15. 【答案】A

【解析】采用综合评估法的工程施工评标中，综合评分相等时，以投标报价低的优先。

第四节　工程总承包招标

考点　工程总承包招标程序

1. 【答案】ACE

【解析】《标准设计施工总承包招标文件》的组成包括招标公告或投标邀请书、投标人须知、评标办法、合同条款及格式、发包人要求、发包人提供的资料、投标文件格式、投标人须知前附表规定的其他材料。

2. 【答案】ABCE

【解析】选项D错误，评标办法都包括经评审的最低投标价法和综合评估法。

3. 【答案】A

【解析】投标人资格要求：项目经理应当具备工程设计类或者工程施工类注册执业资格，设计负责人应当具备工程设计类注册执业资格。

4. 【答案】B

【解析】招标人对符合招标文件规定的未中标人的设计成果进行补偿的，按投标人须知前附表规定给予补偿，并有权免费使用未中标人的设计成果等。

5. 【答案】B

【解析】与标准施工招标文件相比，工程总承包招标文件的投标人须知在设计方面提出了有关设计工作方面的要求：①质量标准：包括设计要求的质量标准；②投标人资格要求：项目经理应当具备工程设计类或者工程施工类注册执业资格，设计负责人应当具备工程设计类注册执业资格；③设计成果补偿：招标人对符合招标文件规定的未中标人的设计成果进行补偿的，按投标人须知前附表规定给予补偿，并有权免费使用未中标人设计成果等。其中前2项在标准施工招标文件的总则中也有要求。

第四章 建设工程材料设备采购招标

第一节 材料设备采购招标特点及报价方式

> **重难点:**
> 1. 材料设备采购方式及其特点、招标内容特点、批次标包划分特点。
> 2. 材料设备采购招投标主要报价方式及分项报价内容。

考点 1 材料设备采购招标特点

1. 【单选】下列建设工程材料和设备的采购,适宜采用询价方式选择供货商的是(   )。
   A. 采购数额不大的建筑材料和标准规格产品
   B. 采购大宗及重要建筑材料和设备
   C. 应急采购
   D. 只能从一家供应厂商获得

2. 【单选】下列关于大宗建筑材料或通用型批量生产的中小型设备采购的说法,正确的是(   )。
   A. 适宜招标选择供货商
   B. 属于加工承揽合同
   C. 供货商负责从生产到保修的全过程
   D. 采购人较多考虑性价比

3. 【单选】对于既有设备采购又有安装服务的项目招标,下列说法正确的是(   )。
   A. 可以采用设备和安装分开招标,也可以采用合并招标
   B. 可以按照设备和安装工程所占的数量比例来确定具体招标类型
   C. 应当由承包商负责采购
   D. 供货方应当自己生产全部设备

4. 【多选】材料设备采购招标投标管理中,批次标包划分时主要考虑的因素有(   )。
   A. 资金计划   B. 有利于投标竞争
   C. 报价的高低   D. 完善的质量保证体系
   E. 市场价格变动趋势

5. 【多选】关于建筑材料采购招标的说法，正确的有（　　）。
   A. 允许同类材料一次招标分期交货
   B. 允许不同材料分阶段招标
   C. 允许不同材料分几个标包同时招标
   D. 允许投标人投一个或几个标包
   E. 允许投标人对一个标包中的某几项进行投标

6. 【单选】与直接询价方式相比，采用招标方式选择材料供应商的特点是（　　）。
   A. 交易成本低
   B. 采购工作量小
   C. 采购工作周期长
   D. 便于磋商价格

7. 【单选】直接订购方式适用于采购（　　）的设备。
   A. 贵重
   B. 进口
   C. 交货周期短
   D. 单一来源

8. 【单选】为充分发挥投标人设备制造和安装的综合实力，采用合并招标方式采购设备和安装工程时，可按照（　　）来确定招标类型。
   A. 设备生产周期
   B. 安装工程实施周期
   C. 设备安装条件
   D. 各部分所占费用比例

9. 【单选】施工单位采购大宗建筑材料，与材料供货商签订的合同属于（　　）合同。
   A. 委托
   B. 承揽
   C. 买卖
   D. 建设工程

10. 【多选】进行工程材料招标时，标段划分过小，将会产生的后果有（　　）。
    A. 不利于保证材料质量
    B. 不利于材料的及时供应
    C. 不利于中小厂商参与竞标
    D. 不利于吸引大型厂商参与竞标
    E. 不利于减少招标工作量

考点 2 材料设备采购招标投标报价方式

11. 【单选】采购境外货物时，由卖方负责与承运人签订运输协议，并承担将货物运至目的地的运费和保险费的报价是（　　）。
    A. FOB
    B. CIF
    C. FCA
    D. CIP

12. 【多选】下列对各报价方式的理解，正确的有（　　）。
    A. EXW 价包含货物运至施工现场的运输费用和保险费
    B. FCA 价包含将货物交由承运人保管之前的一切运输费用
    C. FOB 价包含从装运港运至目的港的运费

D. CIF 价包含从装运港运至目的地的运费

E. CIP 价包含保险费

13. 【多选】大中型机电设备招标中，境内供货的，投标分项报价表应包括的内容有（　　）。

   A. 型号和规格

   B. 单位

   C. 原产地和制造商名称

   D. 数量

   E. 总价

14. 【单选】业主从国外采购建设工程所需设备时，招标文件中要求报装运港船上交货价的，国外供货方在投标时应报（　　）价。

   A. FOB   B. CIF

   C. FCA   D. CIP

15. 【单选】购买境外货物时，由卖方负责办理租船订舱，并承担货物装船之前的一切费用，以及海运费和从转运港运至目的港的保险费的报价是（　　）价。

   A. FOB   B. CIF

   C. EXW   D. FCA

16. 【多选】根据《标准材料采购招标文件》，投标函中的分项报价表应包括的内容有（　　）。

   A. 规格   B. 单位

   C. 性能   D. 数量

   E. 总价

17. 【单选】业主招标采购工程建设所需货物时，对于投标截止时间前已经进口的货物，国内供货方的报价应是（　　）。

   A. 仓库交货价   B. 出厂价

   C. 船上交货价   D. 离岸价

18. 【单选】业主从国外采购建设工程所需设备时，招标文件中要求报指定目的港价的，国外供货方在投标时应报（　　）价。

   A. FCA   B. CIP

   C. FOB   D. CIF

19. 【多选】根据《机电产品国际招标标准招标文件（试行）》，投标分项报价表应包括的内容有（　　）。

   A. 专用工具   B. 主要功能

   C. 技术服务   D. 标准附件

   E. 备品备件

第二节 材料采购招标

> **重难点：**
> 1. 材料采购招标方式和资格要求。
> 2. 材料采购招标文件、投标文件的内容及要求。
> 3. 投标保证金及投标响应要求。
> 4. 材料采购评标方法、评标程序和内容。

考点 1　材料采购招标方式和资格要求

1. 【多选】材料采购招标投标管理中，对投标人进行资格审查时主要考虑的因素包括（　　）。
   A. 独立订立合同的能力
   B. 相近材料的供货业绩
   C. 完善的质量保证体系
   D. 企业规模
   E. 项目经理资格

2. 【单选】对招标文件的非实质性要求和条件存在偏差的投标书，应（　　）。
   A. 仍属有效投标文件
   B. 不予否决，允许投标人重新投标
   C. 偏差超出招标文件规定的偏差范围的，予以否决
   D. 予以否决

3. 【多选】工程货物采购招标中，对投标人的资格要求有（　　）。
   A. 商业信誉　　　　　　　　　　B. 质量保证体系
   C. 供货业绩　　　　　　　　　　D. 企业人员数量
   E. 企业经营策略

考点 2　材料采购招标文件的编制

4. 【多选】根据《标准材料采购招标文件》规定，材料采购招标文件的组成包括（　　）。
   A. 招标公告　　　　　　　　　　B. 申请人须知
   C. 评标办法　　　　　　　　　　D. 供货要求
   E. 发包人要求

5. 【单选】《招标投标法》规定，招标人应当确定投标人编制投标文件所需的合理时间，该合理时间为（　　）。
   A. 自招标文件开始发出之日起不少于 15 日

B. 自招标文件停止发售之日起不少于 15 日

C. 自招标文件开始发出之日起不少于 20 日

D. 自招标文件停止发售之日起不少于 20 日

6. 【单选】某材料采购招标项目，项目估算价为 200 万元，则投标保证金额不得超过（　　）万元。

A. 2　　　　　　　　　　　　　　　　B. 4

C. 10　　　　　　　　　　　　　　　　D. 80

7. 【多选】根据《标准材料采购招标文件》，建设工程材料供货要求中应写明卖方提供的相关服务有（　　）。

A. 为买方检验材料提供技术指导

B. 为买方检验材料提供检测仪器设备

C. 为买方使用供货材料提供培训

D. 为买方购买的材料进行投保

E. 可根据买方要求派遣技术人员到施工现场提供服务

8. 【多选】根据《标准材料采购招标文件》，材料采购投标文件中应包括的内容有（　　）。

A. 商务和技术偏差表

B. 技术支持资料

C. 投标材料质量标准

D. 合同条款修改建议

E. 资格审查资料

9. 【多选】根据《标准材料采购招标文件》，材料采购招标文件应包括的内容有（　　）。

A. 招标人身份证明　　　　　　　　　　B. 投标人须知

C. 评标办法　　　　　　　　　　　　　D. 投标文件格式

E. 评标委员会组成人员

10. 【多选】某工程采用公开招标方式采购建筑钢材时，招标文件应包括的内容（　　）。

A. 钢材供货需求

B. 招标公告

C. 合格厂商列表

D. 合同条款及格式

E. 中标通知书格式

考点 3　材料采购的评标

11. 【多选】建设工程项目材料采购招标过程中采用最低评标价法评标时，可以折算成价格的评审要素包括（　　）。

A. 交货期　　　　　　　　　　　　　　B. 运营费用

C. 零配件和售后服务　　　　　　　　　D. 运输费用

E. 付款条件的偏差

12. 【单选】建设工程材料采购招标项目评标委员会对投标报价所作价格调整，不正确的是（　　）。
    A. 投标书中提出的交货期晚于招标文件规定的交货时间，每超过基础时间一周，在投标价上增加招标文件中规定的投标价的某一百分比
    B. 投标书中提出的交货期早于招标文件规定的交货时间，不给予评标优惠
    C. 投标书中提出可以减少招标文件说明的预付款金额，由此给招标人带来的经济利益按预定的方法折算后，增加投标价
    D. 投标材料性能高于标准的，不考虑降低评标价

13. 【多选】材料采购招标项目评标中，某投标人提供国内货物，关于该投标人计算评标总价的做法，正确的有（　　）。
    A. 以货物交给招标人指定的承运人为依据
    B. 包括出厂价
    C. 应当计入技术商务偏离加价
    D. 不包括运输、保险费
    E. 应当计入缺漏项加价

14. 【多选】根据《标准材料采购招标文件》，评标时进行初步评审的内容包括（　　）。
    A. 形式评审
    B. 资格评审
    C. 评标办法评审
    D. 响应性评审
    E. 投标价格评审

15. 【单选】根据《标准材料采购招标文件》，在初步评审材料采购投标文件时，属于响应性评审内容的是（　　）。
    A. 业绩要求
    B. 联合体协议书
    C. 交货期
    D. 投标人名称

16. 【单选】根据《标准材料采购招标文件》，在初步评审材料采购投标文件时，属于资格评审内容的是（　　）。
    A. 投标文件格式要求
    B. 财务要求
    C. 投标有效期要求
    D. 质量要求

第三节　设备采购招标

> **重难点：**
> 1. 设备招标供货及服务要求。
> 2. 设备招标及报价注意事项。
> 3. 设备采购的评标（综合评估法和评标价法）。

考点 1　设备招标供货及服务要求

1. 【多选】根据《标准设备采购招标文件》，建设工程设备供货要求中应写明卖方提供的质

保期服务有（　　）。

A. 为买方提供安装、调试服务

B. 为买方提供合同设备维护服务

C. 协助买方进行合同设备考核验收

D. 在由买方负责的安装、调试中对买方进行技术指导

E. 为买方提供合同设备修理或更换服务

2. 【多选】机电设备招标采购的投标报价或评标价中，属于伴随服务费用的有（　　）。

A. 出厂前的质量检验费

B. 运输中破损的修理费

C. 现场试运行费

D. 保修期内的维护、修理费

E. 运行、管理和维修人员培训费

考点 2　设备招标工作要点

3. 【多选】建设工程设备招标，招标人编制技术性能指标应注意的事项包括（　　）。

A. 技术性能指标应明确、全面，以有助于投标人编制响应性的投标文件

B. 技术性能指标不宜广泛，以有利于生产制造设备时对工艺、材料和设备的使用

C. 技术性能指标应具体准确，以有利于投标文件比选

D. 如果必须引用某一供应者的技术规格，应当在参照后面加上"或相当于"的字样

E. 工艺、材料和设备的标准不得有限制性，应尽可能地采用国际标准

4. 【多选】关于工程成套设备采购招标中对投标人要求的说法，正确的有（　　）。

A. 投标人须具有与所供应工程成套设备相关的特定专利

B. 投标生产厂家须具有制造同类型设备的经验和制造能力

C. 投标人可以是生产厂家，也可以是工程成套设备公司

D. 一个生产厂家对同一型号的设备仅能委托一个代理商投标

E. 工程成套设备公司投标须提供生产厂家的正式授权书

考点 3　设备采购的评标

5. 【单选】采用招标方式采购运行期内各种费用较高的通用成套设备，下列对运行费用这一评审要素进行折价并对投标报价作价格调整，不正确的是（　　）。

A. 应当计算的费用包括评审寿命期内所需的燃料消耗费、备件及维修费用以及寿命期末设备残值

B. 评审寿命期内所需的燃料消耗费、备件及维修费用，按预定的方法折算后，增加投标价

C. 评审寿命期末设备残值，按预定的方法折算后，增加投标价

D. 计算各项费用和残值时，均应按招标文件规定的贴现率折算成净现值

6. 【单选】采用综合评估法进行机电产品采购评标时，规定先评价后加权，则第一级各评价

因素的加权评价值之和是（　　）。
A. 独立评价值 B. 加权评价值
C. 综合评价值 D. 基准评价值

7.【多选】采用综合评估法进行机电产品采购评标时，做法正确的有（　　）。
A. 价格、商务、技术、服务等可作为第一级评价因素
B. 投标文件对评价因素的最优响应值作为基准评价值
C. 否决超出最高投标限价的投标
D. 否决第一级技术评价因素评价值低于平均评价值的投标
E. 依照第一级评价因素价格、技术、商务、服务的优先次序，根据评价值高低排序推荐中标候选人

8.【多选】下列招标项目中，只能采用综合评估法评标的有（　　）。
A. 施工招标 B. 材料采购招标
C. 机电设备采购招标 D. 设计招标
E. 设备采购招标

9.【单选】关于投标限价的说法，正确的是（　　）。
A. 招标文件中可设置最低投标限价的具体金额
B. 招标文件中应规定投标价低于最高投标限价的幅度
C. 投标人的投标价超出最高投标限价时，应增加其评标价格
D. 招标人可在招标文件中仅规定最高投标限价的计算方法

10.【单选】采用综合评估法进行机电产品采购评标时，投标文件对评价因素的最优响应值称为（　　）。
A. 独立评价值 B. 加权评价值 C. 综合评价值 D. 基准评价值

11.【单选】采用招标方式采购运行期内各种费用较高的通用成套设备，评标时的正确做法是（　　）。
A. 不宜将交货期作为评标内容
B. 宜将报价最低者作为中标人
C. 宜采用设备寿命周期成本为基础的评标价法
D. 宜采用综合评估法

12.【单选】采用综合评估法对机电产品采购进行评标时，每一位评标委员会成员对评价因素响应值的评价结果称为（　　）。
A. 加权评价值 B. 最高评价值
C. 独立评价值 D. 最低评价值

13.【多选】采用以设备寿命期成本为基础的评标价法进行设备采购评标时，需要以贴现值计算的费用有（　　）。
A. 估算寿命期内所需备件费用 B. 估算寿命期内维修费用
C. 估算寿命期残值 D. 估算寿命期内所需燃料消耗费
E. 估算寿命期内所需更新费用

参考答案及解析

第四章 建设工程材料设备采购招标

第一节 材料设备采购招标特点及报价方式

考点 1 材料设备采购招标特点

1. 【答案】A

   【解析】选项 B 错误,招标适于采购大宗及重要建筑材料和设备。选项 C、D 错误,直接订购适于零星采购、应急采购,或只能从一家供应厂商获得,或必须由原供货商提供产品或向原供货商补订。

2. 【答案】A

   【解析】选项 B 错误,采购大宗建筑材料或通用型批量生产的中小型设备签订的合同属于买卖合同。选项 C 错误,通用型设备供货商的责任主要在于生产、供货。选项 D 错误,由于标的物的规格、性能、主要技术参数均为通用指标,因此招标时一般侧重对投标人的商业信誉、报价和交货期限等方面的比较,较多考虑价格因素。

3. 【答案】A

   【解析】建设单位应当筹划并明确建设工程所需的机电设备、工程机械、工程用料、施工用料哪些由业主自行采购,哪些由承包商采购,提前做好具体计划和安排,与施工、安装工作有序配合。材料设备招标采购的货物既可以由供货方自己全部生产或部分生产,也可以由供货方通过各种渠道组织货源完成供货或设备成套。对于既有设备采购又有安装服务的项目,如果采用合并招标,可以按照各部分所占的费用比例来确定具体招标类型。

4. 【答案】ABE

   【解析】项目建设需要大量建筑材料和设备,应综合考虑工程实际需要的时间、市场供应情况、市场价格变动趋势、建设资金到位和周转计划,合理安排分阶段分批次采购招标工作。标包的划分要考虑工程实际需要,保证货物质量和供货时间,并有利于吸引多家投标人参加竞争。

5. 【答案】ABCD

   【解析】选项 E 错误,投标人可以投一个或其中的几个标包,但不能仅对一个标包中的某几项进行投标。

6. 【答案】C

   【解析】招标方式选择材料供应商的特点:有利于规范买卖双方交易行为、扩大比选范围、实现公开公平竞争,但程序复杂、工作量大、周期长。

7. 【答案】D

   【解析】直接订购方式多适用于零星采购、应急采购,或只能从一家供应厂商获得,或必须由原供货商提供产品或向原供货商补订的采购。

8. 【答案】D

   【解析】如果采用合并招标,可以按照各部分所占的费用比例来确定具体招标类型,通常设备占费用比例大的,可按设备招标;安装工程占费用比例大的,则可按安装工程招标。

9. 【答案】C

   【解析】采购大宗建筑材料或通用型批量生产的中小型设备签订的合同属于买卖合同。订购非批量生产的大型复杂机组设备、特殊用途的大型非标准部件签订的合同则属于加工承揽合同。

10. 【答案】DE

    【解析】标包的划分要考虑工程实际需要,保证货物质量和供货时间,并有利于吸引多家投标人参加竞争,既要避免标包划分过大,中小供应厂商无法满足供应;又要避免划分过小,缺乏对大型供应厂商的吸引力。投标的基本单位是标包,每次招标时,可依据设备材料的性质只发一个标包或分成几个标包同时招标,可见标段划分过小,不利于减少招标工作量。

考点 2 材料设备采购招标投标报价方式

11. 【答案】D

    【解析】CIP 价包含将货物运至目的地的运费和保险费。

12. 【答案】BE

    【解析】选项 A 错误,EXW 价不包含货物运至施工现场的运输费用和保险费。选项 C 错误,FOB 价包含将货物在指定的装运港装上船之前的一切运输费用。选项 D 错误,CIF 价包含将货物装上船之前的一切费用、从装运港运至目的港的运费、保险费。

13. 【答案】ACDE

    【解析】大中型机电设备招标中,境内供货的,需填写的报价信息有:①型号和规格;②原产地和制造商名称;③数量;④单价(注明装运地点);⑤总价;⑥至最终目的地的运费和保险费。

14. 【答案】A

    【解析】招标文件可要求国外供货方(卖方)报 FOB 价,即装运港船上交货价。

15. 【答案】B

    【解析】CIF(指定目的港)价,卖方负责办理租船订舱,并承担将货物装上船之前的一切费用,以及海运费和从转运港运至目的港的保险费。

16. 【答案】BDE

    【解析】标准材料及设备招标分项报价表的内容包括:①分项名称;②单位;③数量;④单价(元);⑤总价(元);⑥合计报价。

17. 【答案】A

    【解析】对于投标截止时间前已经进口的货物,可报仓库交货价。卖方在其所在地或其他指定的地点(如:工场、工厂或仓库)将货物交给买方后即完成交货,则报出厂价。

18. 【答案】D

【解析】FCA价：卖方在指定的地点将货物交给买方指定的承运人，即完成交货，卖方负责办理将货物在买方指定地点或其他同意的地点交由承运方保管之前的一切运输事项，并承担运输费用，费用包含在报价中。CIF价：卖方负责办理租船订舱，并承担将货物装上船之前的一切费用，以及海运费和从转运港运至目的港的保险费。FOB价：卖方在装运港将货物装上买方指定的船只，即完成交货，卖方负责办理包括将货物在指定的装船港装上船之前的一切运输事项及运输费用，费用包含在报价中。CIP价：卖方负责与承运人签订运输协议，并承担货物运至目的地的运费和保险费。

19. 【答案】ACDE

【解析】大中型机电设备投标分项报价表的供货分项类别包括：①主机和标准附件；②备品备件；③专用工具；④安装、调试、检验；⑤培训；⑥技术服务；⑦其他。

第二节 材料采购招标

考点 1 材料采购招标方式和资格要求

1. 【答案】ABC

【解析】对投标人进行资格审查时主要考虑的因素包括：①具有独立订立合同的能力；②在专业技术、设备设施、人员组织、业绩经验等方面具有设计、制造、质量控制、经营管理的相应资格和能力；③业绩良好，具有设计、制造与招标材料相同或相近材料的供货业绩及运行经验；④有良好的银行信用和商业信誉；⑤具有完善的质量保证体系。

2. 【答案】C

【解析】对于非实质性要求和条件，招标人应规定允许偏差的最大范围、最高项数，以及对这些偏差进行调整的方法。投标文件的偏差超出招标文件规定的偏差范围或最高项数的，投标将被否决。

3. 【答案】ABC

【解析】通常情况下，对投标人的资格要求主要包括以下方面：①具有独立订立合同的能力；②在专业技术、设备设施、人员组织、业绩经验等方面具有设计、制造、质量控制、经营管理的相应资格和能力；③具有完善的质量保证体系；④业绩良好，具有设计、制造与招标材料相同或相近材料的供货业绩及运行经验；⑤有良好的银行信用和商业信誉等。

考点 2 材料采购招标文件的编制

4. 【答案】ACD

【解析】材料采购招标文件的组成包括招标公告或投标邀请书、投标人须知、评标办法、合同条款及格式、供货要求、投标文件格式、投标人须知前附表规定的其他资料。

5. 【答案】C

【解析】依法必须进行招标的货物，自招标文件开始发出之日起至投标人提交投标文件截止之日止，最短不得少于 20 日。

6. 【答案】B
   【解析】材料设备采购招标的投标保证金一般不得超过项目估算价的 2%，但最高不超过 80 万元。

7. 【答案】AC
   【解析】相关服务要求，应在招标文件中写明要求供货方提供的与供货材料有关的辅助服务，如：为买方检验、使用和修补材料提供技术指导、培训、协助等。

8. 【答案】ABCE
   【解析】材料采购投标文件应包括下列内容：①投标函及投标函附录；②法定代表人身份证明或授权委托书；③联合体协议书；④投标保证金；⑤商务和技术偏差表；⑥分项报价表；⑦资格审查资料；⑧投标材料质量标准；⑨技术支持资料；⑩相关服务计划；⑪投标人须知前附表规定的其他资料。

9. 【答案】BCD
   【解析】材料采购招标文件应包括下列内容：①招标公告或投标邀请书；②投标人须知；③评标办法；④合同条款及格式；⑤供货要求；⑥投标文件格式；⑦投标人须知前附表规定的其他材料。

10. 【答案】ABD
    【解析】材料采购招标文件的内容包括：①招标公告或投标邀请书；②投标人须知；③评标办法；④合同条款及格式；⑤供货要求；⑥投标文件格式；⑦投标人须知前附表规定的其他资料。

考点 3 材料采购的评标

11. 【答案】ACDE
    【解析】材料采购招标过程中采用最低评标价法评标时，可以折算成价格的评审要素有运输费、保险费及其他辅助服务费用、申报的交货期、付款条件的偏差、材料性能、零配件、售后服务、生产能力。

12. 【答案】C
    【解析】选项 C 错误，如果投标书中提出可以减少预付款金额，则应将由此给招标人带来的经济利益从投标价内扣减此值。

13. 【答案】BCE
    【解析】计算评标总价时，以货物到达招标人指定到货地点为依据。以投标人提供国内货物为例，评标总价的计算方法如下：评标总价＝出厂价（含增值税）＋消费税（如适用）＋运输、保险费＋缺漏项加价＋技术商务偏离加价＋其他费用。

14. 【答案】ABD
    【解析】根据国家发展改革委员会等九部委《标准材料采购招标文件》，初步评审包括形式评审、资格评审和响应性评审。

15. 【答案】C

【解析】响应性评审主要审查投标报价、投标内容、交货期、质量要求、投标有效期、投标保证金、权利义务、投标材料及相关服务等是否符合规定。

16. 【答案】B

【解析】选项A，对投标文件格式的要求属于形式评审内容。选项C、D，对投标有效期、质量的要求属于响应性评审内容。

第三节 设备采购招标

考点 1 设备招标供货及服务要求

1. 【答案】BE

【解析】质保期服务指卖方在质量保证期内向买方提供的合同设备维护服务、咨询服务、技术指导、协助以及对出现故障的合同设备进行修理或更换的服务。

2. 【答案】CDE

【解析】伴随服务一般包括：①实施或监督所供货物的现场组装和试运行；②提供货物组装和维修所需的工具；③为所供货物的每一适当的单台设备提供详细的操作和维护手册；④在双方商定的一定期限内对所供货物实施运行或监督或维护或修理，但该服务并不能免除卖方在合同保证期内所承担的义务；⑤在卖方厂家和/或在项目现场就所供货物的组装、试运行、运行、维护和/或修理对买方人员进行培训。

考点 2 设备招标工作要点

3. 【答案】AD

【解析】技术性能指标应具有适当的广泛性，以免在生产制造设备时对普遍使用的工艺、材料和设备造成限制。主要技术性能指标还要具体准确，不宜有过大的响应幅度，以免投标报价差异过大，不利于比选。工艺、材料和设备的标准不得有限制性，应尽可能地采用国家标准。

4. 【答案】CDE

【解析】对工程成套设备的供应，投标人可以是生产厂家，也可以是工程公司或贸易公司，为了保证设备供应并按期交货，如工程公司或贸易公司为投标人，必须提供生产厂家同意其在本次投标中提供该货物的正式授权书，一个生产厂家对同一品牌同一型号的材料和设备，仅能委托一个代理商参加投标。

考点 3 设备采购的评标

5. 【答案】C

【解析】选项C错误，在投标报价上增加设备在评审寿命期内运行所发生的各项费用（燃料消耗费、备件及维修费用），再减去寿命期末设备的残值。计算各项费用和残值时，均应按招标文件规定的贴现率折算成净现值。

6. 【答案】C

【解析】若规定先评价后加权，则投标综合评价值等于第一级各评价因素的加权评价值之和。

7. 【答案】ABC

【解析】选项 D 错误，若投标人的第一级技术评价因素的评价值低于全体有效投标人的平均评价值一定比例以上的，其投标将被否决。选项 E 错误，推荐中标候选人时，根据投标综合评价值的高低排出名次；综合评价值相同的，将依照第一级评价因素价格、技术、商务、服务的优先次序，根据其评价值高低进行排序。

8. 【答案】CD

【解析】施工招标、材料及设备采购招标可以使用经评审的最低投标价法、综合评估法评标。

9. 【答案】D

【解析】招标文件如设置最高投标限价，招标文件中应明确最高投标限价金额或最高投标限价的计算方法。若投标人的投标价格超出最高投标限价，其投标将被否决。

10. 【答案】D

【解析】最优的评价因素响应值得最高评价值，该最高评价值称为基准评价值，其余的评价因素响应值将依据其优劣程度获得相应的评价值。

11. 【答案】C

【解析】采购生产线、成套设备、车辆等运行期内各种费用较高的货物，评标时采用以设备寿命周期成本为基础的评标价法，该方法在综合评标法的基础上，以运输费、交货期、付款条件、零配件和售后服务、设备性能和生产能力等作为评审要素，还增加一定运行年限内可能产生的各项费用作为评审价格。此种评标方法下，以评标价最低者作为中标人。

12. 【答案】C

【解析】每个评标委员会成员对评价因素响应值的评价结果称为独立评价值。

13. 【答案】ABCD

【解析】以贴现值计算的费用包括：①估算寿命期内所需的燃料消耗费；②估算寿命期内所需备件及维修费用；③估算寿命期残值。

第五章 建设工程勘察设计合同管理

第一节 工程勘察合同订立和履行管理

> **重难点：**
> 1. 建设工程勘察合同文本的构成及主要内容。
> 2. 发包人应向勘察人提供的文件资料及发包人、勘察人义务。
> 3. 建设工程勘察合同履行管理（发包人管理、项目负责人、勘察要求、合同价格与支付、违约责任等）。

考点 1 建设工程勘察合同文本的构成

1. 【多选】《标准勘察招标文件》中合同条款及格式由（ ）构成。
   A. 合同附件格式   B. 预付款担保格式
   C. 投标保证金格式   D. 通用合同条款
   E. 专用合同条款

2. 【多选】勘察合同的组成文件包括（ ）。
   A. 中标通知书   B. 投标文件
   C. 专用合同条款   D. 勘察费用清单
   E. 已标价的工程量清单

3. 【多选】下列勘察合同文件中，解释顺序优先于通用合同条款的有（ ）。
   A. 中标通知书   B. 投标函
   C. 专用合同条款   D. 发包人要求
   E. 勘察费用清单

4. 【多选】除专用合同条款另有约定外，当勘察合同的组成文件之间出现矛盾或歧义时，下列有关文件优先解释顺序中，正确的有（ ）。
   A. 中标通知书—合同协议书—专用合同条款
   B. 中标通知书—投标函—通用合同条款
   C. 投标函—专用合同条款—勘察费用清单
   D. 通用合同条款—专用合同条款—发包人要求

E. 勘察费用清单—专用合同条款—勘察纲要

5. 【多选】关于勘察合同中通用合同条款和专用合同条款的说法，正确的有（   ）。

   A. 通用合同条款可结合项目的特点对专用合同条款进行补充、细化
   B. 通用合同条款的解释顺序优先于专用合同条款
   C. 通用合同条款与专用合同条款相互矛盾时，勘察合同无效
   D. 专用合同条款补充和细化的内容不得与通用合同条款相抵触
   E. 通用合同条款可以约定专用合同条款补充、细化时，允许与通用合同条款不一致

6. 【单选】勘察人在与发包人签订合同时提交了履约保函，关于该保函的说法正确的是（   ）。

   A. 属于无条件的、不可撤销担保
   B. 有效期自合同生效之日起至签收最后一批勘察成果文件之日后失效
   C. 担保人在收到发包人的赔偿要求后 14 日内支付
   D. 发包人和勘察人变更合同，应当取得担保人的同意，否则担保人不再承担担保义务

7. 【单选】根据《标准勘察招标文件》中的通用合同条款，下列工程勘察合同组成文件中，优先解释顺序排在中标通知书之前的是（   ）。

   A. 合同协议书
   B. 专用合同条款
   C. 勘察费用清单
   D. 通用合同条款

8. 【单选】根据《标准勘察招标文件》中的通用合同条款，合同文件优先解释顺序正确的是（   ）。

   A. 专用合同条款—勘察费用清单—发包人要求—勘察纲要
   B. 发包人要求—勘察费用清单—勘察纲要—专用合同条款
   C. 专用合同条款—发包人要求—勘察纲要—勘察费用清单
   D. 专用合同条款—发包人要求—勘察费用清单—勘察纲要

考点 2　建设工程勘察合同的内容和合同当事人

9. 【多选】订立建设工程勘察合同时应约定的内容包括（   ）。

   A. 发包人应提供的资料　　　　　　　B. 勘察现场交通情况
   C. 发包人义务　　　　　　　　　　　D. 勘察依据
   E. 勘察人一般义务

10. 【多选】在建设工程勘察合同的履行中，属于发包人义务的有（   ）。

    A. 提供勘察资料
    B. 提供勘察文件
    C. 提供勘察设备
    D. 发出开始勘察通知
    E. 申请市政设施内的临时占地

11. 【单选】建筑工程勘察合同中的勘察人是具有相应勘察资质的（　　）。
    A. 特别法人　　　　　　　　　　　B. 企业法人
    C. 非法人组织　　　　　　　　　　D. 非营利法人

12. 【单选】根据《标准勘察招标文件》中的通用合同条款，发包人应向勘察人提供的文件资料是（　　）。
    A. 施工测量放线成果
    B. 岩土工程钻进方案
    C. 标志桩定位报告
    D. 建筑总平面布置图

13. 【单选】根据《标准勘察招标文件》中的通用合同条款，勘探场地临时设施的搭设、维护、管理和拆除的责任和义务应由（　　）承担。
    A. 发包人
    B. 勘察人
    C. 发包人和勘察人共同
    D. 勘察人和设计人共同

考点 3　建设工程勘察合同履行管理

14. 【单选】关于建设工程勘察合同履行中发包人指示的说法，正确的是（　　）。
    A. 发包人的指示应盖有发包人单位章，或者由发包人代表签字确认
    B. 发包人代表在紧急情况下可以当场发出临时口头指示，但事后需及时书面确认
    C. 发包人代表应在临时指示发出后 24 小时内发出书面确认函
    D. 逾期未发出书面确认函的，则视为临时指示未得到发包人的书面确认

15. 【单选】关于建设工程勘察合同履行中发包人管理的说法，错误的是（　　）。
    A. 获得发包人代表授权的人员发出的指示视为已得到发包人代表的同意
    B. 监理人在权限范围内发出的指示视为已得到发包人的批准
    C. 发包人代表逾期未发出临时书面指示的书面确认函，该临时指示视为发包人的正式指示
    D. 发包人对勘察人书面提出的事项逾期未答复，视为已获得发包人的批准

16. 【多选】关于勘察人指派的项目负责人的说法，正确的有（　　）。
    A. 勘察人发出的函件应盖有勘察人单位章，或者由勘察项目负责人签字确认
    B. 项目负责人不得授权其下属人员履行其某项职责
    C. 项目负责人应在采取紧急措施后 24 小时内向发包人提交书面报告
    D. 项目负责人 2 天内不能履行职责的，应事先征得发包人同意
    E. 勘察人更换项目负责人应事先征得发包人同意

17. 【单选】下列关于勘察要求的说法，正确的是（　　）。
    A. 应遵守国家法律规定，以及相关规范和标准，并应符合发包人要求
    B. 如果发包人要求中的标准高于现行规范规定，应当按照现行规范规定执行

C. 应按照勘察合同生效时适用的法律规定、规范和标准完成勘察工作

D. 法律规定、规范和标准发生重大变化时，应按照最新规定完成勘察工作

18.【单选】根据《标准勘察招标文件》中的通用合同条款，勘察费用实行发包人签证制度，即通过验收后由（　　）对实施的勘察项目、数量、质量和实施时间签字确认，以此作为计算勘察费用的依据之一。

A. 发包人
B. 发包人授权勘察人
C. 监理人
D. 发包人代表

19.【多选】下列关于勘察费支付的说法，正确的有（　　）。

A. 勘察费用实行发包人签证制度
B. 发包人要求勘察人进行专家咨询的费用包含在合同价格中
C. 发包人应在勘察人提交定金支付申请后28天内，将定金支付给勘察人
D. 由于不可抗力解除合同时，定金不予退还
E. 发包人应在勘察人提交费用结算申请后28天内，将应付款项支付给勘察人

20.【多选】下列关于勘察合同违约处理的说法，正确的有（　　）。

A. 勘察人违约时，发包人可向勘察人发出整改通知，要求限期纠正
B. 勘察人违约时，发包人可通知勘察人立即解除合同
C. 发包人违约时，勘察人可向发包人发出暂停勘察通知，要求限期纠正
D. 发包人违约时，勘察人可通知发包人立即解除合同
E. 勘察人因第三人的原因造成违约，由第三人向发包人承担违约责任

21.【多选】关于勘察合同履行中发包人和勘察人的责任，下列说法正确的有（　　）。

A. 发包人在开始勘察前7日内提供勘察资料，并对其准确性、可靠性负责
B. 发包人应在收到费用结算申请后的14天内，将应付款项支付给勘察人
C. 试验报告应当加盖CMA章并由项目负责人签字确认
D. 位于道路、绿化或者其他市政设施内的临时占地，由勘察人向行政管理部门报建申请
E. 临时设施修建、拆除和恢复费用由勘察人承担

22.【多选】根据《标准勘察招标文件》中的通用合同条款，属于勘察合同变更情形的有（　　）。

A. 勘察范围发生变化
B. 对工程同一部位进行再次勘察
C. 暂停勘察及恢复勘察
D. 发包人原因引起的勘察周期延误
E. 勘察成果未达到合同约定的深度要求

23.【多选】根据《标准勘察招标文件》中的通用合同条款，勘察人应履行的安全职责有（　　）。

A. 发生事故的，勘察人应立即通知发包人
B. 按合同要求制定勘察工作临时占地方案

C. 按合同约定编制安全措施计划和灾害应急预案

D. 严格按国家安全标准制定施工安全操作规程

E. 配置必要的救助物资和器材

24. 【单选】根据《标准勘察招标文件》中的通用合同条款，勘察人应对勘察方法的（　　）完全负责。

    A. 完备性、可靠性、先进性
    B. 完备性、正确性、经济性
    C. 适用性、先进性、经济性
    D. 正确性、适用性、可靠性

25. 【单选】根据《标准勘察招标文件》中的通用合同条款，对勘察人正式提交的试验报告格式要求是（　　）。

    A. 加盖试验室公章并由试验负责人签字确认
    B. 加盖试验室公章并由项目负责人签字确认
    C. 加盖CMA章并由项目负责人签字确认
    D. 加盖CMA章并由试验负责人签字确认

26. 【单选】根据《标准勘察招标文件》中的通用合同条款，勘察费用实行（　　）制度。

    A. 发包人签证　　　　　　　　　　B. 勘察人签证
    C. 监理人签证　　　　　　　　　　D. 监理人核查

27. 【多选】根据《标准勘察招标文件》和《标准设计招标文件》中的通用合同条款，勘察和设计合同价格应包括的内容有（　　）。

    A. 收集资料、踏勘现场并进行勘察设计工作的费用
    B. 工程施工期间配合及现场服务的费用
    C. 工程勘察和设计服务应缴纳的增值税税金
    D. 发包人要求勘察人和设计人进行专项试验检测的费用
    E. 发包人未按期支付费用导致的逾期付款违约金

28. 【多选】根据《标准勘察招标文件》中的通用合同条款，除专用合同条款另有约定，合同价中应包括的费用有（　　）。

    A. 进行测绘、取样、试验评估的费用
    B. 占地及青苗、园林绿化补偿费用
    C. 发包人要求勘察人外出考察的费用
    D. 因勘察人员需要对工程进行补充勘察的费用
    E. 不可抗力导致勘察人勘察设备损坏的修复费用

29. 【单选】根据《标准勘察招标文件》中的通用合同条款，因勘察人使用的勘察设备不足以满足合同约定的勘察成果质量要求，发包人要求勘察人更换勘察设备，勘察人及时进行了更换，由此增加的费用由（　　）承担。

    A. 发包人　　　　　　　　　　　　B. 勘察人
    C. 设备供应商　　　　　　　　　　D. 发包人和勘察人共同

30. 【多选】关于建设工程勘察合同价格与支付的说法,正确的有（   ）。
    A. 发包人要求勘察人进行外出考察、试验检测、专项咨询或专家评审时,相应费用不含在合同价格之中,由发包人另行支付
    B. 发包人应在收到定金或预付款支付申请后30天内,将定金或预付款支付给勘察人
    C. 勘察服务完成之前,由于不可抗力或其他非勘察人的原因解除合同时,定金不予退还
    D. 发包人应在收到中期支付申请后的28天内,将应付款项支付给勘察人
    E. 发包人不按期支付的,按通用合同条款的约定支付逾期付款违约金

31. 【多选】根据《标准勘察招标文件》中的通用合同条款,勘察人有权要求发包人延长勘察周期和增加勘察费用的情形有（   ）。
    A. 由于勘察人原因,在施工场地造成第三方财产损失并导致勘察周期延长和费用增加
    B. 由于出现专用合同条款规定的异常恶劣气候条件导致勘察周期延长和费用增加
    C. 由于出现专用合同条款规定的不利物质条件导致勘察周期延长和费用增加
    D. 采取有效措施保护勘察中发现的地下文物导致勘察周期延长和费用增加
    E. 当地居民采取阻工方式要求增加征地补偿款导致勘察周期延长和费用增加

32. 【单选】基准日后有新规定的,勘察/设计人应向发包人提出遵守新规定的建议,发包人应在收到建议后（   ）天内发出是否遵守新规定的指示。
    A. 7   B. 14
    C. 3   D. 21

第二节　工程设计合同订立和履行管理

> **重难点:**
> 1. 建设工程设计合同文本的构成及主要内容。
> 2. 发包人应向设计人提供的文件资料及发包人、设计人义务。
> 3. 建设工程设计合同履行管理（发包人管理、项目负责人、设计要求、合同价格与支付、违约责任等）。

考点 1　建设工程设计合同文本的构成

1. 【单选】根据《标准设计招标文件》,履约保证金的担保有效期自发包人与设计人签订的合同生效之日起至（   ）失效。
    A. 发包人签收第一批设计成果文件之日起28天后
    B. 发包人签收第一批设计成果文件之日起14天后
    C. 发包人签收最后一批设计成果文件之日起28天后
    D. 发包人签收最后一批设计成果文件之日起14天后

考点 2 建设工程设计合同的内容和合同当事人

2. 【单选】关于建设工程设计合同当事人的说法,正确的是( )。
   A. 发包人只能是建设单位
   B. 特殊情况下,承包人可以没有设计资质
   C. 承包人的综合资质只设甲级
   D. 承包人必须是组织,不能是自然人

3. 【单选】设计合同履行中,关于开始设计通知的说法,正确的是( )。
   A. 应在合同生效之日起 90 天内发出,否则发包人承担由此给设计人造成的损失
   B. 发包人应承担的损失包括设计人由此增加的费用,但不包括周期延误
   C. 因发包人原因逾期未能发出,设计人只能解除合同
   D. 表明自该通知中载明的开始设计日期起计算设计服务期限

4. 【多选】建设工程设计合同履行时,属于发包人义务的有( )。
   A. 提供设计文件
   B. 提供设计资料
   C. 支付设计费
   D. 组织审查设计工作成果
   E. 保护设计人的知识产权

5. 【单选】某工程因原设计的基础处理强夯作业影响邻近工地的居民生活,为此通过设计变更对基础进行处理,该变更增加的合同价格应由( )承担。
   A. 发包人
   B. 承包人
   C. 设计人
   D. 承包人和发包人共同

6. 【多选】根据《标准设计招标文件》中的通用合同条款,除专用合同条款另有约定外,工程的设计依据有( )。
   A. 项目建议书
   B. 与工程有关的规范、标准、规程
   C. 工程基础资料
   D. 适用的法律、法规及部门规章
   E. 工程勘察文件

考点 3 建设工程设计合同履行管理

7. 【多选】初步设计文件的深度应当满足( )。
   A. 方案审批或报批的需要
   B. 编制初步设计文件的需要
   C. 初步设计审批的需要
   D. 编制施工图设计文件的需要
   E. 施工的需要

8. 【多选】设计单位提交的设计文件应满足的要求有( )。
   A. 符合法律法规、规范标准的任意性规定和发包人要求
   B. 深度既要满足本合同相应设计阶段的规定要求,又要满足发包人的下一步工作需要

C. 注明工程合理使用寿命年限

D. 设计文件中选用的材料、设备可以指定生产厂及供应商

E. 提出保障施工作业人员安全和预防生产安全事故的措施

9. 【单选】关于设计合同履行中设计文件审查的说法，正确的是（　　）。

　　A. 发包人应自收到设计文件之日起 14 天内完成审查

　　B. 发包人应当组织专家会进行审查

　　C. 审查后认为不符合合同约定，则当设计人提交修改后的设计文件后，审查期限继续计算

　　D. 审查期限届满，发包人没有做出审查结论也没有提出异议，视为设计文件未获同意

10. 【单选】根据《标准设计招标文件》中的通用合同条款，设计人更换项目负责人应履行的程序是（　　）。

　　A. 事先征得发包人同意，并在更换 14 天前将拟更换的项目负责人的姓名及详细资料提交发包人

　　B. 事先征得发包人同意，并在更换的项目负责人到岗前一天将资料提交发包人

　　C. 事先口头通知发包人，并在更换的项目负责人到岗时向发包人提交书面材料

　　D. 更换 14 天前将姓名及详细资料提交监理人，监理人在 7 天内做出答复

11. 【单选】根据《标准设计招标文件》中的通用合同条款，发包人代表授权发包人的其他人员负责执行其指派的工作时，应将被授权人员的姓名和（　　）通知设计人。

　　A. 职业资格　　　　　　　　　　B. 授权范围

　　C. 技术职称　　　　　　　　　　D. 授权时间

12. 【单选】根据《标准设计招标文件》中的通用合同条款，工程设计应执行的各项规范、标准和发包人要求之间对同一内容的描述不一致时，应以（　　）为准。

　　A. 描述更为严格的内容　　　　　B. 规范标准描述的内容

　　C. 发包人要求所描述的内容　　　D. 行业惯例遵循的内容

13. 【单选】根据《标准设计招标文件》中的通用合同条款，因设计人未能按合同计划提供图纸，导致施工承包人不能按监理人批准的进度计划施工而造成损失，该损失最终应由（　　）承担。

　　A. 发包人　　　　　　　　　　　B. 施工承包人

　　C. 设计人　　　　　　　　　　　D. 监理人

14. 【多选】根据《标准设计招标文件》中的通用合同条款，由发包人承担设计服务期延误责任的情形有（　　）。

　　A. 发包人未按合同约定期限及时答复设计事项

　　B. 发包人未按合同约定及时支付设计费用

　　C. 因设计人原因导致设计文件未能按期提交

　　D. 行政管理部门审查图纸时间延长

　　E. 勘察人提供的勘察成果滞后

15. 【单选】根据《标准设计招标文件》中的通用合同条款，设计合同履行过程中，发包人

根据用户需求，增加了设备运行的工况条件，设计人为满足新增的设备运行工况，修改设计方案，并完成了相应设计变更工作。由此导致了设计人费用增加，修改增加的设计费用应由（　　）承担。

A. 设计人
B. 提出增加设备运行工况的用户
C. 设计人和发包人共同
D. 发包人

16.【单选】根据《标准设计招标文件》中的通用合同条款，为保证工程质量和施工安全，提出相关措施建议的内容包括（　　）。

A. 设计人员现场服务的安全保护措施
B. 现场清理人员的安全保护措施
C. 预防生产事故和保护施工作业人员的安全措施建议
D. 业主方工程施工的安全生产方案

17.【单选】根据《标准设计招标文件》中的通用合同条款，设计合同履行过程中发生不可抗力事件，对不可抗力事件引起的后果及造成的损失，承担的主体是（　　）。

A. 发包人
B. 设计人
C. 发包人和设计人
D. 项目业主

18.【多选】根据《标准设计招标文件》中的通用合同条款，设计合同的合同价格应包括的费用有（　　）。

A. 征地补偿费用
B. 青苗和园林绿化补偿费用
C. 设计、评估、审查工作费用
D. 踏勘现场工作费用
E. 施工配合费用

19.【单选】根据《标准设计招标文件》，发包人代表授权发包人的其他人员发出的指示，其效力（　　）。

A. 比发包人代表效力弱
B. 比发包人代表效力强
C. 视为与发包人代表的指示具有同等效力
D. 效力一样，但需48小时经发包人代表确认

20.【单选】根据《标准设计招标文件》中的通用合同条款，工程设计应执行的规范、标准和发包人要求之间对同一内容的描述不一致时，应以（　　）为准。

A. 描述更为严格的内容
B. 规范标准描述的内容
C. 发包人要求所描述的内容
D. 行业惯例遵循的内容

参考答案及解析

第五章 建设工程勘察设计合同管理

第一节 工程勘察合同订立和履行管理

考点 1 建设工程勘察合同文本的构成

1. 【答案】ADE
   【解析】《标准勘察招标文件》中合同条款及格式由通用合同条款、专用合同条款、合同附件格式构成。合同附件格式包括合同协议书、履约保证金格式。

2. 【答案】ACD
   【解析】勘察合同的组成文件包括：①合同协议书；②中标通知书；③投标函及投标函附录；④专用合同条款；⑤通用合同条款；⑥发包人要求；⑦勘察费用清单；⑧勘察纲要；⑨其他合同文件。

3. 【答案】ABC
   【解析】勘察合同的组成文件优先解释顺序为：①合同协议书；②中标通知书；③投标函及投标函附录；④专用合同条款；⑤通用合同条款；⑥发包人要求；⑦勘察费用清单；⑧勘察纲要；⑨其他合同文件。

4. 【答案】BC
   【解析】勘察合同的组成文件优先解释顺序为：①合同协议书；②中标通知书；③投标函及投标函附录；④专用合同条款；⑤通用合同条款；⑥发包人要求；⑦勘察费用清单；⑧勘察纲要；⑨其他合同文件。

5. 【答案】DE
   【解析】"专用合同条款"可对"通用合同条款"进行补充、细化，但除"通用合同条款"明确规定可以作出不同约定外，"专用合同条款"补充和细化的内容不得与"通用合同条款"相抵触，否则抵触内容无效。

6. 【答案】A
   【解析】选项B错误，担保有效期自发包人与勘察人签订的合同生效之日起至发包人签收最后一批勘察成果文件之日起28日后失效。选项C错误，担保人在收到发包人以书面形式提出的在担保金额内的赔偿要求后，在7日内无条件支付。选项D错误，发包人和勘察人变更合同时，无论担保人是否收到该变更，担保人承担担保规定的义务不变。

7. 【答案】A
   【解析】组成合同的各项文件应互相解释，互为说明。除专用合同条款另有约定外，解释合同文件的优先顺序如下：①合同协议书；②中标通知书；③投标函及投标函附录；④专用合同条款；⑤通用合同条款；⑥发包人要求；⑦勘察费用清单；⑧勘察纲要；

⑨其他合同文件。

8. 【答案】D

【解析】勘察合同的组成文件优先解释顺序为：①合同协议书；②中标通知书；③投标函及投标函附录；④专用合同条款；⑤通用合同条款；⑥发包人要求；⑦勘察费用清单；⑧勘察纲要；⑨其他合同文件。

考点 2 建设工程勘察合同的内容和合同当事人

9. 【答案】ACDE

【解析】勘察合同应约定的内容包括勘察依据、发包人应向勘察人提供的文件资料、发包人义务、勘察人的一般义务。

10. 【答案】AD

【解析】选项B、C错误，发包人义务包括：①提供勘察资料；②办理证件和批件；③发出开始勘察通知；④支付合同价款；⑤遵守法律；⑥其他义务。选项E错误，发包人负责协调提供位于本工程区域内的临时占地。

11. 【答案】B

【解析】依据我国法律规定，作为承包人的勘察单位必须具备法人资格，任何其他组织和个人均不能成为承包人。

12. 【答案】D

【解析】发包人应及时向勘察人提供下列文件资料，并对其准确性、可靠性负责：①本工程的批准文件（复印件），以及用地（附红线范围）、施工、勘察许可等批件（复印件）；②工程勘察任务委托书、技术要求和工作范围的地形图、建筑总平面布置图；③勘察工作范围已有的技术资料及工程所需的坐标与标高资料；④勘察工作范围地下已有埋藏物的资料（如电力、电信电缆、各种管道、人防设施、洞室等）及具体位置分布图；⑤其他必要相关资料。

13. 【答案】B

【解析】勘察人应完成合同约定的全部勘察工作，并对工作中的任何缺陷进行整改、完善和修补。勘察人应按合同约定提供勘察文件，以及为完成勘察服务所需的劳务、材料、勘察设备、实验设施等，并应自行承担勘探场地临时设施的搭设、维护、管理和拆除的义务。

考点 3 建设工程勘察合同履行管理

14. 【答案】C

【解析】选项A错误，发包人的指示应盖有发包人单位章，并由发包人代表签字确认。选项B错误，紧急情况下，发包人代表或其授权人员可以当场签发临时书面指示。选项C正确，选项D错误，发包人代表应在临时书面指示发出后24小时内发出书面确认函，逾期未发出书面确认函的，该临时书面指示应被视为发包人的正式指示。

15. 【答案】A

【解析】选项 A 错误,被授权人员在授权范围内发出的指示视为已得到发包人代表的同意,与发包人代表发出的指示具有同等效力。

16. 【答案】CDE
【解析】选项 A 错误,勘察人为履行合同发出的一切函件均应盖有勘察人单位章,并由勘察人的项目负责人签字确认。选项 B 错误,项目负责人可以授权其下属人员履行其某项职责,但事先应将这些人员的姓名和授权范围书面通知发包人。

17. 【答案】A
【解析】各项规范、标准和发包人要求之间如对同一内容的描述不一致时,应以描述更为严格的内容为准。除专用合同条款另有约定外,勘察人完成勘察工作所应遵守的法律规定,以及国家、行业和地方的规范和标准,均应视为在基准日适用的版本。基准日之后,前述版本发生重大变化,或者有新的法律,以及国家、行业和地方的规范和标准实施的,勘察人应向发包人提出遵守新规定的建议。发包人应在收到建议后 7 天内发出是否遵守新规定的指示。

18. 【答案】D
【解析】勘察费用实行发包人签证制度,即勘察人完成勘察项目后通知发包人进行验收,通过验收后由发包人代表对实施的勘察项目、数量、质量和实施时间签字确认,以此作为计算勘察费用的依据之一。

19. 【答案】AD
【解析】选项 B 错误,发包人要求勘察人进行外出考察、试验检测、专项咨询或专家评审时,相应费用不含在合同价格之中,由发包人另行支付。选项 C 错误,发包人应在收到定金或预付款支付申请后 28 天内,将定金或预付款支付给勘察人;勘察服务完成之前,由于不可抗力或其他非勘察人的原因解除合同时,定金不予退还。选项 E 错误,发包人应在收到费用结算申请后的 28 天内,将应付款项支付给勘察人。

20. 【答案】AC
【解析】选项 B 错误,勘察人违约时,发包人可向勘察人发出整改通知,要求其在限定期限内纠正;逾期仍不纠正的,发包人有权解除合同并向勘察人发出解除合同通知。选项 D 错误,发包人违约时,勘察人可向发包人发出暂停勘察通知,要求其在限定期限内纠正;逾期仍不纠正的,勘察人有权解除合同并向发包人发出解除合同通知。选项 E 错误,在履行合同过程中,一方当事人因第三人的原因造成违约的,仍然应当由该方当事人向对方当事人承担违约责任。

21. 【答案】ADE
【解析】选项 B 错误,发包人应在收到费用结算申请后的 28 天内,将应付款项支付给勘察人。选项 C 错误,试验报告应当加盖 CMA 章并由试验负责人签字确认。

22. 【答案】ACD
【解析】选项 B、E 属于勘察单位工作失误导致,应由其自己承担责任,不属于变更合同的情形。变更的内容应符合合同约定或者法律法规规定。

23. 【答案】CDE

【解析】勘察人应按合同约定履行安全职责，执行发包人有关安全工作的指示，并在专用合同条款约定的期限内，按合同约定的安全工作内容，编制安全措施计划报送发包人批准。勘察人应按发包人的指示制定应对灾害的紧急预案，报送发包人批准。勘察人应严格按照国家安全标准制定施工安全操作规程，配备必要的安全生产和劳动保护设施。勘察人还应按预案做好安全检查，配置必要的救助物资和器材，切实保护好有关人员的人身和财产安全。

24. 【答案】D

【解析】勘察人对于勘察方法的正确性、适用性和可靠性完全负责。

25. 【答案】D

【解析】试验报告的格式应当符合 CMA 计量认证体系要求，加盖 CMA 章并由试验负责人签字确认。

26. 【答案】A

【解析】勘察费用实行发包人签证制度，即勘察人完成勘察项目后通知发包人进行验收，通过验收后由发包人代表对实施的勘察项目、数量、质量和实施时间签字确认，以此作为计算勘察费用的依据之一。

27. 【答案】ABC

【解析】选项 D 错误，发包人要求勘察人、设计人进行外出考察、试验检测、专项咨询或专家评审时，相应费用不含在合同价格之中，由发包人另行支付。选项 E 错误，违约金在费用结算的时候考虑。

28. 【答案】AB

【解析】勘察合同的价款确定方式、调整方式和风险范围划分，在专用合同条款中约定。除专用合同条款另有约定外，勘察合同价格应当包括收集资料，踏勘现场，制订纲要，进行测绘、勘探、取样、试验、测试、分析、评估、配合审查等，编制勘察文件，设计施工配合，青苗和园林绿化补偿，占地补偿，扰民及民扰，占道施工，安全防护、文明施工、环境保护，农民工工伤保险等全部费用和国家规定的增值税税金。发包人要求勘察人进行外出考察、试验检测、专项咨询或专家评审时，相应费用不含在合同价格之中，由发包人另行支付。

29. 【答案】B

【解析】勘察人应当承担由于违约所造成的费用增加、周期延误和发包人损失等。

30. 【答案】ACD

【解析】选项 B 错误，发包人应在收到定金或预付款支付申请后 28 天内，将定金或预付款支付给勘察人。选项 E 错误，发包人不按期支付的，按专用合同条款的约定支付逾期付款违约金。

31. 【答案】BCDE

【解析】非勘察人原因导致勘察周期延长和费用增加，勘察人有权要求发包人延长勘察周期和增加勘察费用。

32. 【答案】A

【解析】除专用合同条款另有约定外，勘察人完成勘察工作所应遵守的法律规定，以及国家、行业和地方的规范和标准，均应视为在基准日适用的版本。基准日之后，前述版本发生重大变化，或者有新的法律，以及国家、行业和地方的规范和标准实施的，勘察人应向发包人提出遵守新规定的建议。发包人应在收到建议后7天内发出是否遵守新规定的指示。

第二节 工程设计合同订立和履行管理

考点 1 建设工程设计合同文本的构成

1. 【答案】C

【解析】履约保证金担保有效期自发包人与设计人签订的合同生效之日起至发包人签收最后一批设计成果文件之日起28天后失效。

考点 2 建设工程设计合同的内容和合同当事人

2. 【答案】C

【解析】选项A错误，发包人通常也是工程建设项目的建设单位或者工程总承包单位。选项B、D错误，承包人是设计人，设计人须为具有相应设计资质的企业法人。

3. 【答案】D

【解析】因发包人原因造成合同签订之日起90天内未能发出开始设计通知的，设计人有权提出价格调整要求，或者解除合同。发包人应当承担由此增加的费用和（或）周期延误。

4. 【答案】BCDE

【解析】选项A错误，由设计人按时提供设计文件。

5. 【答案】A

【解析】因设计缺陷导致的设计变更属于发包人的责任，变更增加的合同价格应由发包人承担。

6. 【答案】BCDE

【解析】工程设计依据包括：①适用的法律、行政法规及部门规章；②与工程有关的规范、标准、规程；③工程基础资料及其他文件；④本设计服务合同及补充合同；⑤本工程勘察文件和施工需求；⑥合同履行中与设计服务有关的来往函件；⑦其他设计依据。

考点 3 建设工程设计合同履行管理

7. 【答案】CD

【解析】设计文件的深度应满足本合同相应设计阶段的规定要求，满足发包人的下一步工作需要，并应符合国家和行业现行规定。

8. 【答案】BC

【解析】选项A错误，设计文件的编制应符合法律法规、规范标准的强制性规定和发包人要求。选项D错误，设计文件中选用的材料、设备不得指定生产厂及供应商。选项E

错误，设计文件必须保证工程质量和施工安全等方面的要求，按照有关法律法规规定在设计文件中提出保障施工作业人员安全和预防生产安全事故的措施建议。

9. 【答案】A

   【解析】选项B错误，发包人接收设计文件之后，可以自行或者组织专家会进行审查，设计人应当给予配合。选项C错误，设计人应根据发包人的审查意见修改完善设计文件，并重新报送发包人审查，审查期限重新起算。选项D错误，发包人逾期未做出审查结论且未提出异议的，设计人的设计文件视为已经通过发包人审查。

10. 【答案】A

    【解析】设计人更换项目负责人应事先征得发包人同意，并应在更换14天前将拟更换的项目负责人的姓名和详细资料提交发包人。

11. 【答案】B

    【解析】发包人代表可以授权发包人的其他人员负责执行其指派的一项或多项工作。发包人代表应将被授权人员的姓名及其授权范围通知设计人。

12. 【答案】A

    【解析】设计人应按照法律规定，以及国家、行业和地方的规范和标准完成设计工作，并应符合发包人要求。各项规范、标准和发包人要求之间如对同一内容的描述不一致时，应以描述更为严格的内容为准。

13. 【答案】C

    【解析】设计人未按合同计划完成设计，从而造成工程损失属于设计违约，应当承担由于违约造成的费用增加、周期延误和发包人损失等。此题中施工承包人应向发包人索赔，发包人再向设计人索赔。

14. 【答案】ABDE

    【解析】合同履行中发生下列情况之一的，属发包人违约：①发包人未按合同约定支付设计费用；②因发包人原因造成设计停止；③发包人无法履行或停止履行合同；④发包人不履行合同约定的其他义务。办理证件和批件属于发包人责任，行政管理部门审查图纸时间延长导致延误，发包人应承担责任；勘察人提供的勘察成果滞后，最终属于发包人应承担的责任。

15. 【答案】D

    【解析】发包人原因导致设计人费用增加，修改增加的设计费用应由发包人承担。

16. 【答案】C

    【解析】设计文件必须满足保证工程质量和施工安全等方面的要求，按照有关法律法规规定在设计文件中提出保障施工作业人员安全和预防生产安全事故的措施建议。

17. 【答案】C

    【解析】对不可抗力事件引起的后果及造成的损失，按照损失自担原则确定责任主体。建设工程设计合同的当事人包括发包人和设计人。

18. 【答案】CDE

    【解析】设计合同的合同价格应当包括收集资料、踏勘现场、进行设计、评估、审查等，编制设计文件，施工配合等全部费用和国家规定的增值税税金。勘察合同的合同价格应当包括收集资料，踏勘现场，制订纲要，进行测绘、勘探、取样、试验、测试、分析、评估、配合审查等，编制勘察文件，设计施工配合，青苗和园林绿化补偿，占地补偿，扰民及民扰，占道施工，安全防护、文明施工、环境保护，农民工工伤保险等全部费用和国家规定的增值税税金。

19. 【答案】C

    【解析】发包人代表可以授权发包人的其他人员负责执行其指派的一项或多项工作。发包人代表应将被授权人员的姓名及其授权范围通知设计人。被授权人员在授权范围内发出的指示视为已得到发包人代表的同意，与发包人代表发出的指示具有同等效力。

20. 【答案】A

    【解析】设计人应按照法律规定，以及国家、行业和地方的规范和标准完成设计工作，并符合发包人的要求。各项规范、标准和发包人要求之间如对同一内容的描述不一致时，应以描述更为严格的内容为准。

第六章 建设工程施工合同管理

第一节 施工合同标准文本

> **重难点：**
> 标准施工合同的组成（履约担保、预付款担保）。

考点 1 施工合同标准文本概述

1. 【多选】《标准施工招标文件》包括施工合同标准文本，关于该标准文本的说法正确的有（　　）。
   A. 标准施工合同提供了通用条款、专用条款和签订合同时采用的合同附件格式
   B. 标准施工合同提供的合同附件格式包括合同协议书、履约保函、预付款保函、技术文件四个文件
   C. 履约保函的担保期限自发包人和承包人签订合同之日起，至缺陷责任期满止
   D. 预付款保函的担保期限自预付款支付给承包人起，至发包人签发的进度付款证书说明已完全扣清预付款止
   E. 履约保函采用无条件担保方式，预付款保函采用附条件担保方式

2. 【多选】根据《〈标准施工招标资格预审文件〉和〈标准施工招标文件〉暂行规定》，各行业编制本行业标准施工合同应遵守的原则有（　　）。
   A. 结合行业特点，编制本行业的通用合同条款
   B. 不加修改地引用标准文件中的通用合同条款
   C. 结合施工项目的具体特点，编制专用合同条款
   D. 专用合同条款补充和细化的内容不得与通用合同条款相抵触
   E. 通用合同条款不能约定专用合同条款可以修改通用合同条款

3. 【单选】关于《标准施工招标文件》合同文本及条款的说法，正确的是（　　）。
   A. 通用合同条款和专用合同条款应当不加修改地引用
   B. 通用合同条款可以约定专用合同条款补充、细化时，允许与通用合同条款不一致
   C. 各行业编制的标准施工招标文件的通用合同条款，可结合施工项目的具体特点进行补充、细化

D. 通用合同条款与专用合同条款相互矛盾时，合同无效

考点 2 标准施工合同的组成

4. 【单选】关于《标准施工招标文件》合同通用条款和专用条款的说法，正确的是（　　）。
   A. 通用条款中适用于招标项目的条或款应在专用条款中体现
   B. 专用条款需要补充细化的内容应与通用条款的条或款的序号一致
   C. 通用条款可以根据工程实际由合同当事人协商调整
   D. 专用条款可以约定合同当事人放弃部分通用条款

5. 【单选】根据标准施工合同，下列属于合同附件格式的是（　　）。
   A. 项目经理任命书
   B. 合同协议书
   C. 工程设备表
   D. 建筑材料表

6. 【多选】根据标准施工合同，合同协议书中需要明确填写的内容有（　　）。
   A. 施工工程或标段
   B. 工程结算方式
   C. 质量标准
   D. 合同组成文件
   E. 变更处理程序

7. 【单选】根据标准施工合同，合同协议书中除明确规定合同组成文件外，双方在订立合同时还必须填写的内容包括（　　）。
   A. 结算方式
   B. 预付款支付时间
   C. 质量标准
   D. 合同争议解决方式

8. 【单选】下列合同文件中，属于《标准施工招标文件》中施工合同组成文件中需要发包人和承包人同时签字盖章的是（　　）。
   A. 专用条款
   B. 通用条款
   C. 中标通知书
   D. 合同协议书

9. 【单选】根据标准施工合同，履约担保的期限自发包人和承包人订立合同之日起至（　　）之日止。
   A. 工程竣工验收
   B. 工程缺陷责任期满
   C. 签发工程移交证书
   D. 签发最终结清证书

10. 【单选】根据《标准施工招标文件》中的通用合同条款，施工合同履约担保期限应自（　　）之日起。
    A. 招标人发出中标通知书
    B. 发承包双方签订合同

C. 中标人接到中标通知书

D. 监理人发出开工通知

11. 【单选】根据标准施工合同，关于预付款担保方式及生效的说法，正确的是（ ）。

A. 采用无条件担保方式，并自预付款支付给承包人起生效

B. 采用有条件担保方式，并自预付款支付给承包人起生效

C. 采用无条件担保方式，并自合同协议书签订之日起生效

D. 采用有条件担保方式，并自合同协议书签订之日起生效

12. 【单选】根据标准施工合同，工程预付款担保采用的形式是（ ）。

A. 第三方保证　　　　　　　　　B. 动产质押

C. 既有建筑物抵押　　　　　　　D. 银行保函

13. 【多选】根据《标准施工招标文件》中的通用合同条款，关于预付款担保金额的说法，正确的有（ ）。

A. 承包人提交的担保金额应与收到的合同约定的预付款金额保持一致

B. 发包人从工程进度款中已扣除部分预付款后，担保金额可相应递减

C. 担保金额在发包人未扣除全部预付款前应高于合同约定的预付款金额

D. 担保金额不应低于预付款金额减去已向承包人签发的进度款支付证书中扣除的金额

E. 担保金额必须保持与剩余预付款额相同

14. 【多选】根据《标准施工招标文件》，合同附件格式包括（ ）。

A. 通用合同条款格式　　　　　　B. 专用合同条款格式

C. 合同协议书格式　　　　　　　D. 履约担保格式

E. 预付款担保格式

15. 【单选】根据《标准施工招标文件》，履约担保期限应至（ ）之日止。

A. 提交工程保修书

B. 签发工程移交证书

C. 工程竣工验收

D. 签发工程结清证书

第二节　施工合同有关各方管理职责

> ➤ 重难点：
>
> 监理人（合同管理地位和职责）。

 考点　监理人

1. 【单选】关于监理人在施工合同履行管理中的地位，下列说法正确的是（ ）。

A. 监理人是施工合同的当事人

B. 监理人不属于发包人一方人员
　　C. 监理人的一切行为均遵照发包人的指示
　　D. 监理人与承包人没有任何利益关系

2. 【多选】监理人的合同管理地位和职责主要表现在（　　）。
　　A. 在发包人授权范围内独立处理合同履行过程中的有关事项，有权免除或变更合同约定的发包人和承包人权利、义务和责任
　　B. 协调处理合同履行过程中的有关事项时，可以先酌情与合同当事人协商，如协商不成，应认真研究审慎确定后通知当事人双方并附详细依据
　　C. 提出的方案或发出的指示具有最终效力，不可改变
　　D. 发包人对施工工程的任何想法通过监理人的协调指令来实现，承包人的各种问题也首先提交监理人
　　E. 监理人的指示错误给承包人造成损失，由发包人承担赔偿责任

3. 【单选】关于监理人的合同管理地位和职责的说法，正确的是（　　）。
　　A. 在合同规定的权限范围内，监理人可独立处理变更估价、索赔等事项
　　B. 监理人向承包人发出的指示，承包人征得发包人批准后执行
　　C. 发包人可不通过监理人直接向承包人发出工程实施指令
　　D. 监理人的指示错误给承包人造成损失，由发包人和监理人承担连带责任

4. 【多选】根据《标准施工招标文件》中的通用合同条款，监理人的主要职责有（　　）。
　　A. 在合同规定的权限范围内，独立处理单价的合理调整、索赔等事项
　　B. 在发包人授权范围内，负责发出指示、检查施工质量、控制进度等现场管理工作
　　C. 依据工程实际情况作出指示，免除或变更承包人的部分义务
　　D. 决定发包人与承包人有关合同争议的处理
　　E. 按照合同约定，公平合理地处理合同履行过程中涉及的有关事项

5. 【多选】根据《标准施工招标文件》中的通用合同条款，关于监理人指示的说法，正确的有（　　）。
　　A. 监理人指示错误给承包人造成的损失应由发包人承担赔偿责任
　　B. 监理人根据工程情况变化可以指示免除承包人的部分合同责任
　　C. 监理人未按合同约定发出的指示延误导致承包人增加的施工成本应由发包人承担
　　D. 监理人根据工程设计变更指示可以改变承包人的有关合同义务
　　E. 监理人对承包人施工进度计划变更的批准应视为免除承包人工期延误的责任

6. 【多选】根据《标准施工招标文件》中的通用合同条款，监理人受发包人委托管理施工合同履行的权力有（　　）。
　　A. 在发包人授权范围内发出监理人指示
　　B. 根据合同约定向承包人发出变更指示
　　C. 根据工程实际情况免除合同约定的承包人部分义务
　　D. 与施工合同当事人商定变更工程价款
　　E. 检查工程实体、材料和设备质量

7.【单选】根据《标准施工招标文件》中的通用合同条款,关于监理人职责和权利的说法,正确的是( )。

A. 监理人在施工合同履行过程中行使任何权利前均需经发包人批准

B. 监理人有权变更施工合同约定的承包人的义务

C. 监理人无权免除施工合同约定的发包人和承包人的责任

D. 监理人对工程材料检验合格则视为其批准,可减轻承包人的责任和义务

第三节 施工合同订立

> 重难点:
> 1. 标准施工合同文件(合同文件组成及优先解释次序)。
> 2. 物价浮动的合同价格调整。
> 3. 工程保险和第三者责任险。
> 4. 发包人、承包人义务及监理人职责。

 考点 1 标准施工合同文件

1.【多选】标准施工合同的通用条款规定,合同的组成文件包括( )。

A. 合同协议书　　　　　　　　　　B. 已标价的工程量清单

C. 中标通知书　　　　　　　　　　D. 投标文件

E. 发包人要求

2.【单选】根据标准施工合同,投标函附录是投标函内承诺部分主要内容的细化,下列不属于投标函附录的是( )。

A. 项目经理的人选　　　　　　　　B. 缺陷责任期

C. 工程的实际情况　　　　　　　　D. 公式法调价的基数

3.【单选】根据《标准施工招标文件》,下列合同文件中在专用合同条款没有另行约定的情况下,正确的解释次序是( )。

A. 中标通知书、专用合同条款、通用合同条款、合同协议书

B. 合同协议书、通用合同条款、专用合同条款、中标通知书

C. 合同协议书、中标通知书、专用合同条款、通用合同条款

D. 中标通知书、合同协议书、专用合同条款、通用合同条款

考点 2 订立合同时需要明确的内容

4.【多选】根据《标准施工招标文件》中的通用合同条款,关于合同价格调整的说法,正确的有( )。

A. 以提交投标文件前第28天定义为"基准日"

B. 承包人以基准日期后的市场价格编制工程报价

C. 基准日期后,因法律政策、规范标准的变化导致承包人工程成本发生约定以外的增减,相应调整合同价款

D. 基准日期后,因合同履行期间市场价格浮动对施工成本造成影响,相应调整合同价格

E. 工期12个月以上的施工合同承包人的施工成本受市场价格浮动影响时,采用公式法调整合同价款

5.【多选】根据《标准施工招标文件》,如果承包人有专利技术且有相应的设计资质,双方约定由承包人完成部分工程施工图设计时,需要在订立合同时明确的内容有（　　）。

A. 发包人提交施工图审查的时间

B. 承包人的设计范围

C. 承包人提交设计文件的期限

D. 承包人提交设计文件的数量

E. 监理人签发图纸修改的期限

6.【单选】根据《标准施工招标文件》的通用合同条款,"不利气候条件"对施工的影响应当属于（　　）承担的风险。

A. 发包人

B. 承包人

C. 发包人和承包人共同

D. 由专用条款约定的一方

7.【单选】为了明确划分由于政策法规变化或市场物价浮动对合同价格影响的责任,标准施工合同的通用条款规定的基准日期是指（　　）。

A. 投标截止日前第14天

B. 投标截止日前第28天

C. 招标公告发布之日前第14天

D. 招标公告发布之日前第28天

8.【多选】关于《标准施工招标文件》中通用合同条款规定的"基准日期"的说法,正确的有（　　）。

A. 承包人以基准日期前的市场价格编制工程报价

B. 长期合同中调价公式中的可调因素价格指数以基准日的价格为准

C. 承包人以基准日期后的市场价格编制工程报价

D. 基准日期后,因法律政策、规范标准的变化,导致承包人工程成本发生约定以外的增减,相应调整合同价款

E. 基准日期即为投标截止日

9.【单选】根据《标准施工招标文件》中的通用合同条款,价格调整公式中的定值权重为0.2时,可调因子的变值权重之和为（　　）。

A. 0.8　　　　　　　　　　　　B. 1.0

C. 1.2　　　　　　　　　　　　D. 1.8

10. 【单选】根据《标准施工招标文件》中的通用合同条款，合同中的"图纸"应包括（　　）。
    A. 招标图纸
    B. 施工图
    C. 招标图纸和施工图
    D. 承包人依据施工图提供的加工图

考点 3 　明确保险责任

11. 【多选】关于标准施工合同中保险责任的规定，说法正确的有（　　）。
    A. 无论是由承包人还是发包人办理工程保险，均必须以发包人和承包人的共同名义投保
    B. 采用不足额投保方式投保，损失赔偿的不足部分由该事件的风险责任方负责补偿
    C. 负有投保义务的一方当事人未按合同约定办理某项保险，导致受益人未能得到保险人的赔偿，原应从该项保险得到的保险赔偿应由双方当事人共同承担
    D. 发包人和承包人应分别为本方人员投保工伤事故保险和人身意外伤害保险
    E. 进场材料和工程设备保险应当由承包人办理

12. 【单选】根据标准施工合同，投保"建筑工程一切险"的正确做法是（　　）。
    A. 承包人负责投保，并承担办理保险的费用
    B. 发包人负责投保，并承担办理保险的费用
    C. 承包人负责投保，发包人承担办理保险的费用
    D. 发包人负责投保，承包人承担办理保险的费用

13. 【单选】根据标准施工合同，投保"建筑工程一切险"和"第三者责任保险"的正确做法是（　　）。
    A. 分别由发包人和承包人负责投保
    B. 均由发包人负责投保
    C. 分别由承包人和发包人负责投保
    D. 均由承包人负责投保

14. 【单选】根据《标准施工招标文件》中的通用合同条款，如果一个建设工程项目采用平行发包的方式分别交由多个承包人施工，为防止重复投保或漏保，双方可在专用条款中约定由（　　）投保为宜。
    A. 发包人
    B. 其中一个承包人
    C. 多个承包人分别
    D. 联合体

15. 【多选】投保建筑工程一切险，需要在专用合同条款中约定的内容有（　　）。
    A. 投保人
    B. 投保内容
    C. 保险金额
    D. 保险费率
    E. 保险期限

16. 【多选】如果投保工程一切险的保险金额少于工程实际价值，工程受到保险事件的损害时，正确的做法有（　　）。
    A. 保险公司按投保的保险金额所占百分比赔偿实际损失

B. 损失赔偿的不足部分由保险事件的风险责任方负责补偿

C. 永久工程损失赔偿的不足部分由发包人承担

D. 已完成工程损失由承包人承担

E. 施工设备和进场材料损失由保险公司承担

17.【单选】根据标准施工合同，工程保险可以采用不足额投保方式，即工程受到保险事件的损害时，保险公司赔偿损失后的不足部分，按合同约定由（　　）负责补偿。

A. 发包人　　　　　　　　　　B. 承包人

C. 事件的风险责任人　　　　　D. 监理人

18.【单选】根据《标准施工招标文件》中的通用合同条款，负有投保义务的一方当事人未按合同约定办理保险，导致受益人未能得到保险人赔偿的，损失赔偿应由（　　）承担。

A. 发包人　　　　　　　　　　B. 承包人

C. 受益人　　　　　　　　　　D. 负有投保义务的当事人

19.【单选】根据《标准施工招标文件》中的通用合同条款，在工程整个施工期间应为其现场雇用的全部人员投保人身意外伤害险并缴纳保险费的投保人是（　　）。

A. 发包人和设计人　　　　　　B. 承包人和分包人

C. 发包人和监理人　　　　　　D. 发包人和承包人

考点 4　发包人义务

20.【多选】在施工准备阶段，属于发包人应完成的工作有（　　）。

A. 提供施工现场的工程地质资料

B. 办理土地征用

C. 提供工程进度计划

D. 向施工单位进行设计交底

E. 办理施工许可证

21.【多选】根据标准施工合同，发包人在施工准备阶段的主要义务有（　　）。

A. 审定施工方案　　　　　　　B. 组织设计交底

C. 提供施工场地　　　　　　　D. 约定开工时间

E. 讨论通过施工组织设计

22.【单选】根据《标准施工招标文件》中的通用合同条款，下列属于发包人义务的是（　　）。

A. 组织设计交底

B. 编制施工环保措施计划

C. 审批施工组织设计

D. 组织论证专项施工方案

考点 5 承包人义务

23. 【多选】根据《标准施工招标文件》中的通用合同条款,承包人按合同约定应履行的职责有( )。

    A. 按工作内容和施工进度要求,编制施工组织设计和施工进度计划

    B. 负责办理施工场地临时道路占用的许可手续

    C. 测设施工控制网并报监理人审批

    D. 负责在施工现场建立完善的工程质量管理体系

    E. 对深基坑工程和地下暗挖工程编制专项施工方案

24. 【多选】在施工准备阶段,承包人应完成的工作内容包括( )。

    A. 编制施工组织设计和施工进度计划
    B. 编制施工环境保护措施计划

    C. 建立完善的质量检查制度
    D. 发出开工通知

    E. 保证施工场地清洁符合环境卫生管理有关规定

25. 【单选】根据标准施工合同,承包人在工程施工准备阶段的义务是( )。

    A. 办理出入施工现场的道路通行手续
    B. 建立施工现场质量管理体系

    C. 确定施工测量的基准点和基准线
    D. 收集地下管线和地下设施相关资料

26. 【单选】根据《标准施工招标文件》中的通用合同条款,承包人应在施工过程中负责管理施工控制网点,并在( )后将其移交发包人。

    A. 工程缺陷责任期届满
    B. 工程竣工

    C. 工程竣工验收合格
    D. 工程最终结算

27. 【单选】根据《建设工程安全生产管理条例》,承包人需要编制专项施工方案并经专家论证的工程是( )。

    A. 高空作业工程
    B. 深水作业工程

    C. 大爆破工程
    D. 地下暗挖工程

考点 6 监理人职责

28. 【单选】根据标准施工合同中通用条款的规定,属于监理人在施工准备阶段应当完成工作的是( )。

    A. 负责施工现场的安全保卫

    B. 做好施工现场地下管线和地下设施的保护工作

    C. 审查施工实施方案

    D. 组织设计交底

29. 【单选】关于建设工程施工准备阶段的合同管理中,发包人、承包人、监理人各自的义务和职责表述,正确的是( )。

    A. 移交施工场地是发包人的义务,以不影响单项工程的施工为原则

    B. 建立完善的质量检查制度是承包人的义务,应在施工场地设置专门的质量检查机构,配备兼职质量检查人员

    C. 监理人未按时对承包人提出的施工进度计划作出批复或提出修改意见,则该进度计

划视为未得到批准

D. 监理人征得发包人同意后,应在约定的开工日期 7 天前向承包人发出开工通知,合同工期自开工通知中载明的开工日起计算

30.【单选】约定的开工日期已届至,此时发包人开工前的配合工作已完成,但承包人已办理运输手续的主要施工机械,由于铁路部门集中运输抗震救灾物资而未能按时运到工地,则监理人应当( )。

A. 按时发出开工通知,合同工期不予顺延
B. 迟延发出开工通知,合同工期不予顺延
C. 按时发出开工通知,合同工期予以顺延
D. 迟延发出开工通知,合同工期予以顺延

31.【单选】根据标准施工合同,合同工期应自( )载明的开工日期起计算。

A. 发包人发出的中标通知书　　B. 监理人发出的开工通知
C. 合同双方签订的合同协议书　D. 监理人批准的施工进度计划

32.【单选】根据标准施工合同,监理人征得发包人同意后,应在开工日期( )天前向承包人发出开工通知。

A. 7　　　　　　　　　　　　B. 14
C. 21　　　　　　　　　　　 D. 28

33.【单选】根据标准施工合同,监理人在施工准备阶段的职责是( )。

A. 按专用条款约定的时间向承包人无条件发出开工通知
B. 在开工日期 15 日前向承包人发出开工通知
C. 批准或要求修改承包人报送的施工进度计划
D. 组织编制施工进度计划

第四节　施工合同履行管理

> **重难点:**
> 1. 合同履行涉及的几个时间期限(合同工期、施工期、缺陷责任期和保修期)。
> 2. 可以顺延合同工期的情况。
> 3. 暂停施工的责任、程序及紧急暂停施工处理。
> 4. 工程款支付管理(签约合同价 VS 合同价格、暂估价 VS 暂列金额、费用 VS 利润、质量保证金)。
> 5. 工程量计量及工程进度款的支付。
> 6. 安全管理(安全事故处理程序)、变更管理、索赔管理、缺陷责任期管理。
> 7. 不可抗力。
> 8. 竣工验收管理。

考点 1 合同履行涉及的几个时间期限

1. 【单选】标准施工合同中的"合同工期"是指（   ）。
   A. 承包人完成工程从开工之日起至实际竣工日经历的期限
   B. 合同协议书中写明的施工总日历天数
   C. 承包人从监理人发出的开工通知中写明的开工日起，至工程接收证书中写明的实际竣工日止的期限
   D. 承包人在投标函中承诺完成工程的时间期限，以及按照合同条款通过变更和索赔程序应给予的顺延工期的时间之和

2. 【单选】根据标准施工合同，施工期的结束日期是指（   ）。
   A. 发包人组织的工程竣工验收合格日
   B. 工程施工合同由双方约定的完工日
   C. 工程接收证书中写明的实际竣工日
   D. 承包人施工任务的实际完工日

考点 2 施工进度管理

3. 【单选】根据标准施工合同中通用条款的规定，下列关于监理人进度管理任务的说法中，不正确的是（   ）。
   A. 编制进度计划
   B. 对进度计划提出修改意见
   C. 控制施工工作按进度计划执行
   D. 检查进度计划的执行情况

4. 【单选】根据标准施工合同中通用条款的规定，下列有关暂停施工程序的说法，不正确的是（   ）。
   A. 由于发包人的原因发生暂停施工的紧急情况，且监理人未及时下达暂停施工指示，承包人可先暂停施工并及时向监理人提出暂停施工的书面请求
   B. 监理人应在接到承包人暂停施工的书面请求后的 24 小时内予以答复
   C. 逾期未答复视为同意承包人的暂停施工请求
   D. 暂停施工期间由监理人负责妥善保护工程并提供安全保障

5. 【多选】根据标准施工合同中通用条款的规定，施工合同履行中，如果发包人出于某种考虑要求提前竣工，则发包人应（   ）。
   A. 负责修改施工进度计划
   B. 向承包人直接发出提前竣工的指令
   C. 与承包人协商并签订提前竣工协议
   D. 为承包人提供赶工的便利条件
   E. 减少对工程质量的检测试验

6. 【多选】施工中由（   ）引起的暂停施工，承包人有权要求补偿工期、费用和利润。
   A. 发包人负责提供的设备未按时到位

B. 发包人委托的设计人提供的设计文件错误

C. 发生不可抗力

D. 承包人原因进行施工方案调整

E. 承包人施工机械故障

7. 【单选】根据《标准施工招标文件》中的通用合同条款，在暂停施工期间，负责施工现场保护和安全保障的主体是（　　）。

A. 发包人
B. 监理人
C. 承包人
D. 监理人和承包人

8. 【单选】根据《标准施工招标文件》中的通用合同条款，发包人根据实际情况向承包人提出提前竣工要求的，应在提前竣工协议中明确的内容是（　　）。

A. 承包人修订的进度计划和赶工措施，发包人提供的条件和追加的合同价款

B. 发包人提出的赶工要求和追加合同价款，承包人要求的奖励办法

C. 发包人修订的进度计划和奖励办法，承包人提出的赶工措施和追加的费用

D. 承包人修订的进度计划和施工条件要求，发包人的工期要求和追加的合同价款

9. 【单选】下列事件不属于发包人责任暂停施工的是（　　）。

A. 施工过程中出现设计缺陷导致停工

B. 世博会期间按照政府文件要求暂停施工

C. 承包人为工程合理施工的安全保障所需的暂停施工

D. 施工现场的两个承包人发生施工干扰，监理人指示某一承包人暂停施工

10. 【多选】根据《标准施工招标文件》中的通用合同条款，工程发生暂停施工时，不给予承包人费用和工期补偿的情形有（　　）。

A. 承包人施工机械故障维修引起暂停施工

B. 承包人违反安全管理规定造成安全事故引起暂停施工

C. 发包人采购的材料未能按时到货停工待料引起暂停施工

D. 承包人为提高施工效率优化施工方案引起暂停施工

E. 由于工程交叉施工，监理人从整体协调考虑指示承包人暂停施工

考点 3 施工质量管理

11. 【单选】施工合同履行中，对承包人施工设备的控制，下列说法正确的是（　　）。

A. 如不影响合同进度计划，施工设备和临时设施中的任何部分可运出施工场地或挪作他用

B. 未经监理人同意，施工设备和临时设施中的任何部分不得运出施工场地或挪作他用

C. 闲置的或后期不再使用的施工设备不会影响合同进度计划，承包人可将其撤离施工现场

D. 施工设备不能满足合同进度计划要求时，监理人有权要求承包人增加或更换施工设备，增加的费用由发包人承担

12. 【多选】某施工合同履行中，监理人与承包人按合同约定共同进行工程的检验，如监理

人收到承包人共同检验的通知后,既未发出变更检验时间的通知,又未按时参加,则下列说法正确的有（ ）。

A. 承包人可以单独进行检验,视为监理人在场情况下进行

B. 监理人对承包人单独进行的检验结果可以拒绝确认

C. 监理人对承包人单独进行的检验结果有疑问可以要求重新检验

D. 重新检验由监理人单独进行

E. 重新试验结果证明质量不符合合同要求,由此增加的费用和（或）工期延误由承包人承担

13.【多选】下列有关隐蔽工程及其重新检验的说法中,正确的有（ ）。

A. 承包人既可自检也可邀请监理人共同进行检查,确认质量符合隐蔽要求后进行覆盖

B. 承包人未通知监理人到场检查,私自将工程隐蔽部位覆盖的,监理人有权指示承包人钻孔探测或揭开检查,由此增加的费用和（或）工期延误由承包人承担

C. 若监理人未能按时提出延期检验要求,又未能按时参加验收,承包人可自行检验

D. 监理人检查确认质量符合隐蔽要求,并在检查记录上签字后,承包人方可进行覆盖

E. 重新检验导致增加的费用和（或）工期延误由承包人承担

14.【单选】根据标准施工合同中通用条款的规定,由发包人采购材料时,下列表述中正确的是（ ）。

A. 在到货 5 天前通知承包人

B. 承包人会同监理人共同进行验收

C. 要求提前交货时,承包人可以拒绝

D. 如承包人同意提前交货,由此增加的保管费用由承包人承担

15.【多选】根据《标准施工招标文件》中的通用合同条款,承包人施工项目部人员管理的主要措施有（ ）。

A. 在施工现场设立专门的质量检查机构

B. 对施工人员的质量教育和技术培训

C. 严格执行规范和操作规程

D. 现场施工人员的职称和职业资格审查

E. 定期考核施工人员的劳动技能

16.【单选】根据标准施工合同,关于监理人对质量检验和试验的说法,正确的是（ ）。

A. 监理人收到承包人共同检验的通知,未按时参加检验,承包人单独检验,该检验无效

B. 监理人对承包人的检验结果有疑问,要求承包人重新检验时,由监理人和第三方检测机构共同进行

C. 监理人对承包人已覆盖的隐蔽工程部位质量有疑问时,有权要求承包人对已覆盖的部位进行揭开重新检验

D. 重新检验结果证明质量符合合同要求的,因此增加的费用由发包人和监理人共同承担

17. 【单选】根据《标准施工招标文件》中的通用合同条款,关于监理人对承包人的材料、设备和工程的质量试验和检验的说法,正确的是( )。
    A. 承包人按合同约定进行材料、设备和工程的试验和检验,均须由监理人组织
    B. 监理人未按合同约定派人员参加试验和检验的,承包人应重新组织试验和检验
    C. 监理人对承包人的试验和检验结果有疑问,要求承包人重新试验和检验的,须经发包人同意
    D. 监理人提出的重新试验和检验证明材料、设备和工程的质量不符合合同要求的,由此造成的费用增加和工期延误由承包人承担

18. 【单选】根据标准施工合同,对于发包人提供的材料和工程设备,承包人应在约定时间内( )共同进行验收。
    A. 会同监理人在交货地点
    B. 会同发包人代表、监理人在交货地点
    C. 会同监理人在施工现场
    D. 会同发包人代表、监理人在施工现场

19. 【单选】根据《标准施工招标文件》中的通用合同条款,发包人负责提供的材料和工程设备经验收后,接收、保管和施工现场内二次搬运所发生的费用由( )承担。
    A. 发包人
    B. 承包人
    C. 发包人和承包人
    D. 发包人和材料设备供应商

20. 【多选】根据《标准施工招标文件》中的通用合同条款,对于发包人负责提供的材料和工程设备,承包人应完成的工作内容有( )。
    A. 提交材料和工程设备的质量证明文件
    B. 根据合同计划安排向监理人报送要求发包人交货的日期计划
    C. 会同监理人在约定的时间和交货地点共同进行验收
    D. 运输、保管材料和工程设备
    E. 支付材料和工程设备合同价款

21. 【单选】某工程施工合同约定,土方填筑作业每一层必须经监理人检验。承包人以工期紧为由,未通知监理人到场检查,自行检验后进行了填筑作业,监理人指示承包人按填筑层厚逐层揭开检验,经随机抽检,填筑质量符合合同要求,由此增加的费用和工期延误由( )承担。
    A. 发包人
    B. 承包人
    C. 发包人和承包人共同
    D. 承包人和监理人共同

考点 4 工程款支付管理

22. 【多选】根据《标准施工招标文件》中的通用合同条款,支付管理中的"签约合同价"是指( )。
    A. 合同协议书中的签约合同价格
    B. 承包人最终完成全部施工和保修义务后应得的全部合同价款

C. 中标通知书中的中标价格

D. 承包人的投标报价

E. 工程结算总价

23. 【单选】根据标准施工合同，关于"暂列金额"的说法，正确的是（   ）。

    A. 暂列金额未包括在签约合同价内

    B. 暂列金额不可以计日工方式支付

    C. 暂列金额可能全部使用或部分使用

    D. 暂列金额应按合同规定全部支付给承包人

24. 【多选】下列关于质量保证金的说法，正确的有（   ）。

    A. 质量保证金用以约束承包人在缺陷责任期内履行合同义务

    B. 质量保证金总预留比例不得低于工程价款结算总额的3%

    C. 质量保证金从第一次支付工程进度款时开始起扣，直至最后一次支付工程进度款为止

    D. 质量保证金以付款周期末承包人应获得的工程进度付款为计算基数

    E. 缺陷责任期满时，承包人向发包人申请返还质量保证金

25. 【多选】标准施工合同通用条款规定用公式法调价，下列应用正确的有（   ）。

    A. 如果得不到现行价格指数，可暂用上一次价格指数计算

    B. 变更导致合同中调价公式约定的权重变得不合理时，由监理人与承包人和发包人协商后进行调整

    C. 因非承包人原因导致工期顺延，后续支付时调价公式继续有效

    D. 因承包人原因导致工期顺延，后续支付时应采用原约定竣工日与实际支付日的两个价格指数中较高的一个作为支付计算的价格指数

    E. 适用于工程量清单中总价支付部分的工程款

26. 【多选】下列关于监理人进行工程量复核的说法中，错误的有（   ）。

    A. 监理人应在收到承包人提交的工程量报表后的14天内进行工程量复核

    B. 监理人未在约定时间内复核，则按照承包人提交的工程量计算工程价款

    C. 承包人未按监理人要求参加复核，则按照承包人提交的工程量计算工程价款

    D. 总价子目已完成工程量通常不进行图纸计量，只进行现场计量

    E. 按照承包人完成的实际工程进行计量

27. 【单选】下列关于工程进度款的支付，说法正确的是（   ）。

    A. 监理人应在收到承包人进度付款申请单以及相应的支持性证明文件后7天内完成核查

    B. 监理人出具的进度付款证书视为监理人已同意、批准或接受了承包人完成的该部分工作

    C. 发包人应在监理人出具进度付款证书后28天内向承包人支付进度应付款

    D. 监理人有权扣发承包人未能按照合同要求履行任何工作或义务的相应金额

28. 【多选】根据标准施工合同，关于签约合同价的说法，正确的有（   ）。

    A. 签约合同价不包括承包人利润

B. 签约合同价即为中标价

C. 签约合同价包含暂列金额、暂估价

D. 签约合同价是承包方履行合同义务后应得的全部工程价款

E. 签约合同价应在合同协议书中写明

29. 【单选】根据《标准施工招标文件》中的通用合同条款，支付管理中的"合同价格"是指（　　）。

    A. 协议书中的签约合同价格

    B. 承包人最终完成全部施工和保修义务后应得的全部合同价款

    C. 中标通知书中的中标价格

    D. 承包人的投标报价

30. 【单选】根据标准施工合同，对于未达到必须招标规模或标准的项目，可由监理人在暂估价内直接确定价格的是（　　）。

    A. 临时设施　　　　　　　　B. 建筑材料

    C. 工程设备　　　　　　　　D. 专业工程

31. 【单选】标准施工合同中"暂估价"的含义是（　　）。

    A. 用于支付必然发生但暂时不能确定价格的计日工费用

    B. 可能发生的劳务分包费用

    C. 用于支付可能发生工程变更需增加的费用

    D. 属于签约合同价的组成部分

32. 【多选】根据《标准施工招标文件》的通用合同条款，"暂估价"和"暂列金额"的主要区别有（　　）。

    A. 是否列入已标价的工程量清单

    B. 是否在招标阶段已经确定价格

    C. 是否在合同履行阶段必然发生

    D. 承包人是否必然获得支付

    E. 是否包括在签约合同价内

33. 【单选】根据《标准施工招标文件》，关于暂估价的说法，正确的是（　　）。

    A. 暂估价是指签约合同价之外用于支付部分材料设备的费用或专业工程价款

    B. 暂估价是指施工合同履行中可能发生的工程费用

    C. 暂估价是指发包人在工程量清单中写明支付但暂时不能确定价格的工程款项

    D. 暂估价内的工程材料、设备或专业工程施工均须由承包人负责提供

34. 【单选】《标准施工招标文件》中通用合同条款规定的"费用"是指（　　）。

    A. 施工合同履行中发生的不计利润的合理开支

    B. 施工合同履行中由发包人支付给承包人的全部款项

    C. 发包人对承包人履行合同支付的结算价

    D. 承包人完成工程的实际成本

35. 【多选】根据《标准施工招标文件》中的通用合同条款，质量保证金的计算基数应包

括（　　）。

A. 付款周期末已实施工程的价款金额

B. 工程预付款的支付金额

C. 工程预付款的扣回金额

D. 按合同约定价格调整的金额

E. 按合同约定经监理人核实的计日工金额

36.【单选】根据标准施工合同，因承包人原因未在约定的工期内竣工时，原约定竣工日的价格指数和实际支付日的价格指数会有所不同，后续支付时应将（　　）作为支付计算的价格指数。

A. 两个价格指数中的较高者　　　　　　B. 两个价格指数的均值

C. 两个价格指数中的较低者　　　　　　D. 两个价格指数按约定的均值

37.【单选】根据《标准施工招标文件》中的通用合同条款，采用公式法调整工程价款时，合同约定变更范围和内容导致调价公式中的权重不合理时，由监理人与（　　）协商后进行调整。

A. 发包人和分包人　　　　　　　　　　B. 承包人和分包人

C. 承包人和发包人　　　　　　　　　　D. 分包人和造价管理部门

38.【多选】根据标准施工合同，关于工程计量的说法，正确的有（　　）。

A. 单价子目已完成工程量按月计量

B. 总价子目的计量支付不考虑市场价格浮动的调整

C. 总价子目已完成工程量按月计量

D. 总价子目表中标明的工程量通常不进行现场计量

E. 总价子目表中标明的工程量通常不进行图纸计量

39.【单选】关于《标准施工招标文件》通用合同条款中"进度款付款证书"的说法，正确的是（　　）。

A. 监理人收到承包人进度款付款申请单并核查后，向承包人出具进度付款证书

B. 监理人有权扣除质量不合格部分的工程款

C. 监理人出具进度付款证书，视为监理人批准了承包人完成的该部分工作

D. 承包人对监理人出具的进度付款证书出现的漏项无权申请重新修正

40.【单选】监理人在收到承包人进度付款申请单以及相应的支持性证明文件后的（　　）天内完成核查，提出发包人到期应支付给承包人的金额以及相应的支持性材料。

A. 14　　　　　　　　　　　　　　　　B. 20

C. 28　　　　　　　　　　　　　　　　D. 30

41.【单选】根据《标准施工招标文件》中的通用合同条款，监理人收到承包人的进度付款申请单后的处理程序为（　　）。

A. 监理人核查→发包人确认→发包人出具经监理人签认的进度付款证书

B. 监理人核查→发包人审查同意→监理人出具经发包人签认的进度付款证书

C. 监理人核查→发包人审查同意→监理人出具经承包人签认的进度付款证书

D. 监理人核查→承包人签认→发包人出具进度付款证书

42.【单选】根据《标准施工招标文件》中的通用合同条款，关于变更意向书及变更指示发出主体的说法，正确的是（   ）。
   A. 可以由发包人发出
   B. 只能由监理人发出
   C. 可以由承包人发出
   D. 只能由发包人发出

43.【单选】根据《标准施工招标文件》中的通用合同条款，合同协议书中写明的合同总金额应包括（   ）。
   A. 暂列金额和暂估价
   B. 变更的价款调整
   C. 索赔补偿金额
   D. 保修期的保修费用

44.【单选】根据《标准施工招标文件》中的通用合同条款，关于总价支付项工程计量的说法，正确的是（   ）。
   A. 监理人按已完成的工作量按日计量
   B. 监理人按已批准承包人的支付分解报告作为计量周期
   C. 总价子目表中标明用于结算的工程量，通常应现场计量
   D. 总价子目的计量与支付以总价为基础，考虑市场价格浮动的调整

45.【单选】根据《标准施工招标文件》中的通用合同条款，采用计日工计价的工作应从（   ）中支付。
   A. 暂估价
   B. 暂列金额
   C. 单价措施项目费
   D. 总价措施项目费

46.【多选】根据《标准施工招标文件》中的通用合同条款，可列入施工进度付款证书的内容有（   ）。
   A. 按合同约定截至本次付款周期末已实施工程的价款
   B. 按合同约定应增加的变更金额
   C. 按合同约定已确认质量不符合要求项的工程价款
   D. 按合同约定应支付的预付款和扣还预付款
   E. 按合同约定应扣减的质量保证金

考点 5 施工安全管理

47.【单选】根据《标准施工招标文件》中的通用合同条款，承包人的施工安全责任不包括（   ）。
   A. 编制施工安全措施计划、应对灾害的紧急预案报送监理人审批
   B. 配置必要的救助物资和器材，配备必要的安全生产和劳动保护设施
   C. 制定安全操作规程，发放安全工作手册和劳动保护用具
   D. 承担工程的任何部分对土地的占用所造成的第三者财产损失

48.【单选】下列关于安全事故处理程序的说法，错误的是（   ）。
   A. 施工过程中发生安全事故时，承包人应立即通知监理人
   B. 发包人和承包人应立即组织人员和设备进行紧急抢救和抢修，减少人员伤亡和财产

损失

C. 需要移动现场物品时，应做出标记和书面记录，妥善保管有关证据

D. 监理人应及时向有关部门如实报告事故发生的情况，以及正在采取的紧急措施

考点 6 变更管理

49.【单选】下列关于施工过程中变更管理的说法，正确的是（　　）。

A. 施工过程中出现的变更包括监理人指示的变更、发包人指示的变更和承包人申请的变更

B. 取消合同中的任何一项工作由他人实施属于变更范围

C. 没有监理人的变更指示，承包人可以视情况变更

D. 监理人收到承包人的书面建议后，经研究后不同意作为变更的，由监理人书面答复承包人

50.【单选】下列关于监理人指示变更的说法，正确的是（　　）。

A. 实施变更不需征求承包人意见

B. 承包人收到变更意向书后应当同意实施变更

C. 承包人同意实施变更的，监理人应当发出变更指示

D. 经发包人同意后发出变更指示

51.【单选】如果承包人认为发包人提供的图纸和文件存在属于变更范围的情形，则下列说法正确的是（　　）。

A. 承包人可以直接实施变更

B. 承包人应当向监理人提出书面变更建议

C. 承包人应当向监理人提出书面变更建议后直接实施变更

D. 监理人应当同意承包人提出的变更建议

52.【单选】下列有关确定变更价款的做法，错误的是（　　）。

A. 监理人应在收到承包人变更报价书后的 14 天内商定或确定变更价格

B. 工程量清单中有适用于变更工作的单价，按照该单价计算变更价款

C. 工程量清单中无适用于变更工作的单价，按照类似工作的单价计算变更价款

D. 工程量清单中无适用或类似变更工作的单价，由监理人按照成本加利润的原则商定或确定单价范围内参照类似子目的单价商定或确定变更工作的单价

53.【单选】工程施工过程中，对于变更工作的单价在已标价工程量清单中无适用或类似子目时，应由监理人按照（　　）的原则商定或确定。

A. 成本加酬金　　　　　　　　B. 成本加利润

C. 成本加规费　　　　　　　　D. 直接成本加间接成本

54.【单选】某工程，变更增加项目的工作内容为压实度 0.98 的土方填筑，合同已标价工程量清单中有压实度 0.92 的土方填筑项目。根据《标准施工招标文件》，该变更项目的估价原则为（　　）。

A. 直接采用工程量清单中压实度 0.92 的土方填筑项目单价

B. 按照成本加利润的原则，由监理人商定或确定

C. 参照压实度 0.92 的土方填筑项目单价，由监理人在合理范围内商定或确定

D. 由承包人与发包人按施工预算价格协商确定

55.【多选】根据《标准施工招标文件》中的通用合同条款，属于施工期间"不利物质条件"的有（　　）。

A. 不可预见的自然物质条件
B. 不可预见的非自然物质障碍
C. 突发性重大疫情
D. 恶劣的气候条件
E. 不可预见的污染物

56.【单选】不利水文条件属于（　　）应承担的风险。

A. 发包人
B. 承包人
C. 设计单位
D. 勘察单位

57.【多选】根据《标准施工招标文件》中的通用合同条款，施工合同履行期间，属于变更范围的有（　　）。

A. 承包人投入施工设备的数量超过投标文件承诺的数量
B. 为完成工程需要追加的额外工作
C. 改变合同中任何一项工作的施工时间
D. 改变合同中任何一项工作的质量特性
E. 承包人在合同中的某项工作转由发包人自行实施

58.【单选】下列关于不利物质条件的说法，不正确的是（　　）。

A. 不利物质条件属于发包人应承担的风险
B. 承包人遇到不利物质条件时，应暂停施工，并通知监理人
C. 监理人没有发出指示，承包人因采取合理措施而增加的费用和工期延误，由发包人承担
D. 不利物质条件不包括不利气候条件

考点 7 | 不可抗力

59.【多选】根据《标准施工招标文件》中的通用合同条款，属于不可抗力的情形有（　　）。

A. 政策和法律调整
B. 海啸
C. 瘟疫
D. 骚乱
E. 地震

60.【单选】施工合同履行期间，一方当事人因不可抗力导致其履行合同义务受到阻碍时，下列说法不正确的是（　　）。

A. 应立即通知合同另一方当事人和监理人
B. 如果没有采取有效措施导致损失扩大，应对全部损失承担责任
C. 如果不可抗力的影响持续时间较长，应及时提交中间报告，并于不可抗力事件结束后 28 天内提交最终报告
D. 不能按期竣工的，应合理延长工期

61.【多选】根据《标准施工招标文件》中的通用合同条款,因不可抗力造成的损失,由发包人承担的有（   ）。

A. 永久工程的损失
B. 施工设备损坏
C. 停工损失
D. 施工场地的材料和工程设备的损害
E. 承包人的人员伤亡损失

62.【单选】施工合同履行期间,一方当事人因不可抗力导致不可能继续履行合同义务而通知对方解除合同,合同解除后的处理方法正确的是（   ）。

A. 承包人应撤离施工场地
B. 已经订货的材料、设备由发包人负责退货或解除订货合同
C. 不能退还的货款和因退货、解除订货合同发生的费用,由责任方承担
D. 因未及时退货造成的损失由发包人承担

63.【单选】根据《标准施工招标文件》中的通用合同条款,因不可抗力导致工期延长,监理人按发包人要求指令承包人采取赶工措施发生的合理赶工费用应由（   ）承担。

A. 发包人
B. 承包人
C. 发包人和监理人共同
D. 参与验收的各方共同

64.【多选】根据《标准施工合同文件》,由于不可抗力导致的下列损失,由发包人承担的有（   ）。

A. 发包人现场人员伤亡
B. 承包人窝工损失
C. 发包人要求承包人赶工的费用
D. 监理人指示承包人清理场地的费用
E. 承包人施工设备的损失

考点 8 索赔管理

65.【单选】施工合同履行中,关于承包人提出索赔的期限,说法不正确的是（   ）。

A. 承包人接受了竣工付款证书后,不得再对施工阶段、竣工阶段的事项提出索赔要求
B. 承包人接受了最终结清证书后,不得再对施工合同履行阶段的事项提出索赔要求
C. 承包人提交的最终结清申请单中,可以对缺陷责任期的事项提出索赔要求
D. 承包人提交的最终结清申请单中,只限于提出工程接收证书颁发后发生的索赔

66.【多选】施工合同履行中,关于承包人的索赔管理,说法正确的有（   ）。

A. 承包人应在引起索赔事件发生后 28 天内,向监理人递交索赔意向通知书
B. 承包人应在发出索赔意向通知书后 28 天内,向监理人递交索赔通知书
C. 监理人应在收到索赔意向通知书后的 42 天内,将索赔处理结果答复承包人
D. 监理人应争取通过与发包人和承包人协商达成索赔处理的一致意见
E. 承包人接受索赔处理结果,发包人应在监理人收到索赔通知书后 28 天内完成赔付

67.【单选】根据标准施工合同,工程施工中承包人有权得到费用和工期补偿,但无利润补偿的情形是（   ）。

A. 发包人提供图纸延误
B. 不利的物质条件
C. 隐蔽工程重新检验质量合格
D. 监理人指示错误

68. 【多选】根据《标准施工招标文件》中的通用合同条款，可以同时给承包人工期、费用和利润补偿的情形有（　　）。
    A. 监理人的指示延误
    B. 发包人提供的材料和工程设备提前交货
    C. 异常恶劣的气候条件
    D. 法规变化引起的价格调整
    E. 隐蔽工程重新检验质量合格

69. 【多选】承包商可以同时提出工期和费用索赔，但不包括利润索赔的事件包括（　　）。
    A. 不可预见的外界条件
    B. 施工中遇到文物和古迹
    C. 异常恶劣的气候条件
    D. 业主或其他承包人的干扰
    E. 发包人提供的材料和工程设备提前交货

70. 【多选】施工合同履行中发生下列事件时，承包人只能要求发包人增加费用，不能要求延长工期以及支付合理利润的有（　　）。
    A. 发包人提前占用工程导致承包人费用增加　　B. 法规变化引起的价格调整
    C. 不利的物质条件　　D. 不可抗力不能按期竣工
    E. 发包人要求提前提交由其提供的材料和工程设备

71. 【多选】根据《标准施工招标文件》中的通用合同条款，发包人仅限于给予承包人费用补偿的情形有（　　）。
    A. 法规变化引起的价格调整　　B. 监理人的指示错误
    C. 因不可抗力停工期间的工程照管　　D. 发包人提供图纸延误
    E. 重新检验隐蔽工程质量合格

72. 【单选】监理人应在收到索赔通知书或有关索赔的进一步证明材料后的（　　）天内，将索赔处理结果答复承包人。
    A. 14　　B. 28
    C. 30　　D. 42

73. 【多选】下列事件中，承包人可同时索赔工期、费用和利润的有（　　）。
    A. 监理人的指示延误或错误指示　　B. 不利的物质条件
    C. 发包人提供的材料和工程设备提前交货　　D. 基准资料的错误
    E. 因不可抗力不能按期竣工

考点 9 违约责任

74. 【多选】发生承包人违反合同规定的情况时，处理方法正确的有（　　）。
    A. 监理人应向承包人发出整改通知，要求其在指定期限内改正
    B. 发包人应向承包人发出整改通知，要求其在指定期限内改正
    C. 发出整改通知28天后承包人仍不纠正违约行为，监理人可向承包人发出解除合同通知

D. 发出整改通知 28 天后承包人仍不纠正违约行为，发包人可向承包人发出解除合同通知

E. 违约导致的费用增加和（或）工期延误由承包人承担

75.【多选】下列关于承包人违约导致合同解除后的管理，说法正确的有（   ）。
A. 发包人有权扣留使用承包人在现场的材料、设备和临时设施
B. 发包人的扣留行为可以免除承包人应承担的部分违约责任
C. 发包人不得要求承包人将其为实施合同而签订的订货合同转让给发包人
D. 发包人暂停对承包人的一切付款，查清各项付款和已扣款金额
E. 发包人向承包人索赔由于解除合同给发包人造成的损失

76.【多选】发生发包人违反合同规定的情况时，处理方法正确的有（   ）。
A. 承包人应向发包人发出通知要求纠正
B. 发包人收到承包人通知后的 28 天内仍不履行合同义务，承包人有权暂停施工
C. 暂停施工 28 天后发包人仍不纠正违约行为，承包人可向发包人发出解除合同通知
D. 发包人收到承包人通知后的 28 天内仍不履行合同义务，承包人可直接解除合同
E. 承包人解除合同的行为不免除发包人承担的违约责任，也不影响承包人根据合同约定享有的索赔权利

考点 10 竣工验收管理

77.【单选】下列关于工程设备试运行组织责任的说法中，正确的是（   ）。
A. 发包人采购的设备，其试运行由承包人负责组织
B. 承包人采购的设备，其试运行由发包人负责组织
C. 试运行均由发包人负责组织
D. 试运行均由承包人负责组织

78.【多选】下列关于合同工程竣工验收的说法中，正确的有（   ）。
A. 监理人认为已具备竣工验收条件，应在收到竣工验收申请报告后的 28 天内提请发包人进行工程验收
B. 竣工验收合格，应在监理人收到竣工验收申请报告后的 56 天内，由发包人向承包人出具工程接收证书
C. 竣工验收基本合格，以通过竣工验收日为实际竣工日期
D. 竣工验收不合格，承包人在完成返工重做或补救工作后重新验收合格的，以初次提交竣工验收申请报告的日期为实际竣工日期
E. 发包人延误竣工验收的，以提交竣工验收申请报告的日期为实际竣工日期

79.【单选】标准施工合同中的"施工期"是指（   ）。
A. 承包人施工从监理人发出的开工通知中写明的开工日起，至工程接收证书中写明的实际竣工日止的期限
B. 合同协议书中写明的施工总日历天数
C. 用以衡量承包商是否按合同要求的期限履行其施工义务的标准

D. 承包人在投标函内承诺完成工程的时间期限，以及按照合同条款通过变更和索赔程序应给予的顺延工期时间之和

80. 【多选】下列关于工程竣工结算价款的支付，说法正确的有（　　）。
   A. 监理人应在收到承包人提交的竣工付款申请单后的14天内完成核查
   B. 发包人应在收到监理人提出的经核定的合同价格和结算尾款金额后14天内完成审核
   C. 经发包人审核同意后，由监理人向承包人出具经发包人签认的竣工付款证书
   D. 承包人对发包人签认的竣工付款证书不得有异议
   E. 发包人应在监理人收到竣工付款申请单后56天内将应支付款支付给承包人

81. 【多选】根据《标准施工招标文件》中的通用合同条款，承包人竣工清场的主要义务有（　　）。
   A. 就交付工程的使用功能向发包人交接
   B. 拆除临时工程，清理、平整或复原场地
   C. 保证工程建筑物周边及其附近道路交通通畅
   D. 施工场地内承包人设备和剩余材料已按计划撤离现场
   E. 施工场地内残留的垃圾已全部清除出场

82. 【单选】根据标准施工合同，发包人在收到承包人竣工验收申请报告（　　）天后未进行验收，视为验收合格。
   A. 14   B. 28
   C. 42   D. 56

83. 【单选】发包人应在监理人出具竣工付款证书后的（　　）天内，将应支付款支付给承包人。
   A. 14   B. 28
   C. 30   D. 42

84. 【单选】根据《标准施工招标文件》中的通用合同条款，工程接收证书颁发后，承包人按监理人指示完成施工场地内残留垃圾清除工作的费用应由（　　）承担。
   A. 发包人   B. 监理人
   C. 发包人和承包人共同   D. 承包人

85. 【单选】根据标准施工合同，监理人收到承包人提交的工程竣工验收申请报告后，经审查认为已具备竣工验收条件时，应在收到工程竣工验收申请报告后的（　　）天内提请发包人进行工程验收。
   A. 7   B. 14
   C. 21   D. 28

86. 【单选】根据《标准施工招标文件》，监理人审查竣工验收申请报告的各项内容，认为工程尚不具备竣工验收条件时，应当在收到竣工申请报告后（　　）天内通知承包人。
   A. 28   B. 30
   C. 56   D. 60

考点 11 缺陷责任期管理

87. 【单选】下列关于缺陷责任期的说法,正确的是(   )。
    A. 缺陷责任期从颁发工程接收证书日开始计算
    B. 缺陷责任期内出现的工程缺陷由承包人负责修复
    C. 修复后需再行试验和试运行的,试验和试运行的全部费用由承包人承担
    D. 由发包人向承包人签发缺陷责任期终止证书

88. 【单选】根据《标准施工招标文件》中的通用合同条款,缺陷责任期满(包括延长的期限终止)后14天内,应当向承包人出具缺陷任期终止证书,该证书由(   )。
    A. 发包人出具经监理人审核   B. 监理人出具经发包人签认
    C. 发包人和监理人共同签认   D. 监理人签认

89. 【单选】根据《标准施工招标文件》中的通用合同条款,承包人可按合同约定在(   )后向监理人提交最终结清申请单。
    A. 签发缺陷责任期终止证书   B. 缺陷责任期终止
    C. 签发工程接收证书   D. 签发保修责任证书

90. 【单选】根据《标准设计施工总承包招标文件》,工程责任缺陷期自(   )起计算。
    A. 工程施工验收合格日期
    B. 工程投入使用日期
    C. 工程实际竣工日期
    D. 工程正式移交日期

参考答案及解析

第六章　建设工程施工合同管理

第一节　施工合同标准文本

考点 1　施工合同标准文本概述

1. 【答案】AD
【解析】选项 B 错误,《标准施工招标文件》合同附件格式包括合同协议书、预付款担保、履约担保。选项 C 错误,履约保函的担保期限自发包人和承包人签订合同之日起,至签发工程移交证书日止。选项 E 错误,履约保函和预付款保函均采用无条件担保方式。

2. 【答案】BCD
【解析】各行业编制的标准施工合同应不加修改地引用通用合同条款,各行业编制的标准施工招标文件中的专用合同条款可结合施工项目的具体特点,对标准的通用合同条款进行补充、细化。除通用合同条款明确专用合同条款可做出不同约定外,补充和细化的内容不得与通用合同条款的规定相抵触,否则抵触内容无效。

3. 【答案】B
【解析】各行业编制的标准施工合同应不加修改地引用通用合同条款,各行业编制的标准施工招标文件中的专用合同条款可结合施工项目的具体特点,对标准的通用合同条款进行补充、细化。除通用合同条款明确专用合同条款可做出不同约定外,补充和细化的内容不得与通用合同条款的规定相抵触,否则抵触内容无效。

考点 2　标准施工合同的组成

4. 【答案】B
【解析】各行业编制的标准施工合同应不加修改地引用通用合同条款,各行业编制的标准施工招标文件中的专用合同条款可结合施工项目的具体特点,对标准的通用合同条款进行补充、细化。工程实践应用时,通用条款中适用于招标项目的条或款不必在专用条款内重复,需要补充细化的内容应与通用条款的条或款的序号一致,使得通用条款与专用条款中相同序号的条款内容共同构成对履行合同某一方面的完备约定。

5. 【答案】B
【解析】标准施工合同中给出的合同附件格式,是订立合同时采用的规范化文件,包括合同协议书、履约保函和预付款保函三个文件。

6. 【答案】ACD
【解析】合同协议书是标准施工合同组成文件中唯一需要发包人和承包人同时签字盖章的

法律文书,因此标准施工合同中规定了应用格式。除了明确规定对当事人双方有约束力的合同组成文件外,具体招标工程项目订立合同时需要明确填写的内容仅包括发包人和承包人的名称、施工的工程或标段、签约合同价、合同工期、质量标准和项目经理的人选。

7. 【答案】C

【解析】合同协议书除了明确规定对当事人双方有约束力的合同组成文件外,具体招标工程项目订立合同时需要明确填写的内容仅包括发包人和承包人的名称、施工的工程或标段、签约合同价、合同工期、质量标准和项目经理的人选。

8. 【答案】D

【解析】合同协议书是标准施工合同组成文件中唯一需要发包人和承包人同时签字盖章的法律文书。

9. 【答案】C

【解析】履约担保的担保期限自发包人和承包人签订合同之日起,至签发工程移交证书日止,即担保人对承包人保修期内履行合同义务的行为不承担担保责任。

10. 【答案】B

【解析】履约担保的担保期限自发包人和承包人签订合同之日起,至签发工程移交证书日止。

11. 【答案】A

【解析】预付款担保采用无条件担保形式,其担保期限自预付款支付给承包人起生效,至发包人签发的进度付款证书说明已完全扣清预付款止。

12. 【答案】D

【解析】标准施工合同规定的预付款担保采用银行保函形式。

13. 【答案】ABE

【解析】选项C、D错误,保函格式中明确说明:"本保函的担保金额,在任何时候不应超过预付款金额减去发包人按合同约定在向承包人签发的进度款支付证书中扣除的金额。"即保持担保金额与剩余预付款的金额相等原则。

14. 【答案】CDE

【解析】标准施工合同中给出的合同附件格式包括合同协议书格式、履约担保格式和预付款担保格式。

15. 【答案】B

【解析】履约担保期限自发包人和承包人签订合同之日起,至签发工程移交证书日止。

第二节 施工合同有关各方管理职责

考点 监理人

1. 【答案】D

【解析】选项A错误,监理人不是施工合同的当事人,施工合同当事人是发包人和承包人。选项B、C错误，监理人受委托人的委托，依照法律、规范标准和监理合同等，对建设工程勘察、设计或施工等阶段实施管理，因此监理人属于发包人一方的人员。但监理人又不同于发包人的雇员，即不是一切行为均遵照发包人的指示，而是在授权范围内独立工作。

2. 【答案】DE

   【解析】选项A错误，监理人无权免除或变更合同约定的发包人和承包人权利、义务和责任。选项B错误，总监理工程师在协调处理合同履行过程中的有关事项时，应首先与合同当事人协商，尽量达成一致；不能达成一致时，总监理工程师应认真研究审慎"确定"后通知当事人双方并附详细依据。选项C错误，总监理工程师提出的方案或发出的指示并非最终不可改变，任何一方有不同意见均可按照争议的条款解决。

3. 【答案】A

   【解析】选项A正确，监理人在发包人授权范围内独立处理合同履行过程中的有关事项，如单价的合理调整、变更估价、索赔等，行使通用条款和专用条款中规定的权力。选项B、C错误，发包人对施工工程的任何想法通过监理人的协调指令来实现，承包人收到监理人发出的任何指示，视为已得到发包人的批准，应遵照执行。选项D错误，监理人未能按合同约定发出指示、指示延误或指示错误而导致承包人施工成本增加和（或）工期延误，由发包人承担赔偿责任。

4. 【答案】ABE

   【解析】监理人受发包人委托对施工合同的履行进行管理：①在发包人授权范围内，负责发出指示、检查施工质量、控制进度等现场管理工作；②在发包人授权范围内独立处理合同履行过程中的有关事项，行使通用条款规定的，以及具体施工合同专用条款中说明的权力；③承包人收到监理人发出的任何指示，视为已得到发包人的批准，应遵照执行；④在合同规定的权限范围内，独立处理或决定有关事项，如单价的合理调整、变更估价、索赔等。

5. 【答案】AC

   【解析】选项B、D、E错误，监理人无权免除或变更合同约定的发包人和承包人权利、义务和责任。由于监理人不是合同当事人，因此合同约定应由承包人承担的义务和责任，不因监理人对承包人提交文件的审查或批准，对工程、材料和设备的检查和检验，以及为实施监理作出的指示等职务行为而减轻或解除。

6. 【答案】ABE

   【解析】选项C错误，监理人无权免除或变更合同约定的发包人和承包人权利、义务和责任。选项D错误，在合同规定的权限范围内，监理人可独立处理或决定有关事宜，如单价的合理调整、变更估价、索赔等。

7. 【答案】C

   【解析】选项A错误，监理人不同于发包人的雇员，即不是一切行为均遵照发包人的指示，而是在授权范围内独立工作。选项B、D错误，监理人无权免除或变更合同约定的发包人和承包人权利、义务和责任，合同约定应由承包人承担的义务和责任，不因监理人对承包人提交文件的审查或批准,对工程、材料和设备的检查和检验,以及为实施监理作出的指示等职务行为而减轻或解除。

第三节 施工合同订立

考点 1 标准施工合同文件

1. 【答案】ABC

   【解析】施工合同的组成文件包括:①合同协议书;②中标通知书;③投标函及投标函附录;④专用合同条款;⑤通用合同条款;⑥技术标准和要求;⑦图纸;⑧已标价的工程量清单;⑨其他合同文件。

2. 【答案】C

   【解析】投标函附录是投标函内承诺部分主要内容的细化,包括项目经理的人选、工期、缺陷责任期、分包的工程部位、公式法调价的基数和系数等的具体说明。

3. 【答案】C

   【解析】合同文件的优先解释次序为:合同协议书,中标通知书,投标函及投标函附录,专用合同条款,通用合同条款,技术标准和要求,图纸,已标价的工程量清单,其他合同文件。

考点 2 订立合同时需要明确的内容

4. 【答案】CE

   【解析】选项 A 错误,基准日期为投标截止日前第 28 天。选项 B 错误,承包人以基准日期前的市场价格编制工程报价。选项 D 错误,基准日期后,合同履行期间市场价格浮动对施工成本造成的影响是否允许调整合同价格,要视合同工期的长短来决定。

5. 【答案】BCDE

   【解析】如果承包人有专利技术且有相应的设计资质,可以约定由承包人完成部分施工图设计。此时应明确承包人的设计范围,提交设计文件的期限、数量,以及监理人签发图纸修改的期限等。

6. 【答案】B

   【解析】"异常恶劣的气候条件"属于发包人应承担的风险;"不利气候条件"则属于承包人应承担的风险。

7. 【答案】B

   【解析】通用合同条款规定的基准日期指投标截止日前第 28 天。

8. 【答案】ABD

   【解析】承包人以基准日期前的市场价格编制工程报价,长期合同中调价公式中的可调因素价格指数来源于基准日的价格。基准日期后,因法律法规、规范标准的变化,导致承包人工程成本发生约定以外的增减,相应调整合同价款。基准日期为投标截止日前第 28 天。

9. 【答案】A

   【解析】定值权重与可调因子变值权重之和为1。可调因子变值权重＝1－0.2＝0.8。

10. 【答案】B

    【解析】订立合同时必须明确约定发包人陆续提供施工图纸的期限和数量。

考点 3 明确保险责任

11. 【答案】ABD

    【解析】选项C错误，当负有投保义务的一方当事人未按合同约定办理某项保险，导致受益人未能得到保险人的赔偿，原应从该项保险得到的保险赔偿应由负有投保义务的一方当事人支付。选项E错误，进场材料和工程设备保险，通常情况下，应是谁采购的进场材料和工程设备，由谁办理相应的保险。

12. 【答案】A

    【解析】标准施工合同和简明施工合同的通用条款中考虑到承包人是工程施工的最直接责任人，因此均规定由承包人负责投保"建筑工程一切险""安装工程一切险"和"第三者责任保险"，并承担办理保险的费用。

13. 【答案】D

    【解析】承包人负责投保"建筑工程一切险""安装工程一切险"和"第三者责任保险"，并承担办理保险的费用。

14. 【答案】A

    【解析】如果一个建设工程项目采用平行发包的方式交由多个承包人施工，有几家承包人分别投保的话，有可能产生重复投保或漏保，此时由发包人投保为宜。

15. 【答案】BCDE

    【解析】标准施工合同和简明施工合同的通用条款中考虑到承包人是工程施工的最直接责任人，因此均规定由承包人负责投保"建筑工程一切险""安装工程一切险"和"第三者责任保险"，并承担办理保险的费用。具体的投保内容、保险金额、保险费率、保险期限等有关内容在专用条款中约定。

16. 【答案】BC

    【解析】如果投保工程一切险的保险金额少于工程实际价值，工程受到保险事件的损害时，不能从保险公司获得实际损失的全额赔偿，则损失赔偿的不足部分按合同相应条款约定，由该事件的风险责任方负责补偿。某些大型工程项目经常因工程投资额巨大，为了减少保险费的支出，采用不足额投保方式，即以建筑安装工程费的60%～70%作为投保的保险金额，因此受到保险范围内的损害后，保险公司按实际损失的相应百分比予以赔偿。标准施工合同要求在专用条款具体约定保险金不足以赔偿损失时，承包人和发包人应承担责任。如永久工程损失的差额由发包人补偿，临时工程、施工设备等损失由承包人负责。

17. 【答案】C

    【解析】大型工程项目经常采用不足额投保方式，以减少保险费的支出，当工程受到保险事件的损害时，不能从保险公司获得实际损失的全额赔偿，则损失赔偿的不足部分按合同相应条款的约定，由该事件的风险责任人负责补偿。

18. 【答案】D

    【解析】当负有投保义务的一方当事人未按合同约定办理某项保险，导致受益人未能得到保险人的赔偿，原应从该项保险得到的保险赔偿应由负有投保义务的一方当事人支付。

19. 【答案】D

    【解析】发包人和承包人应按照相关法律规定为履行合同的本方人员缴纳工伤保险费，并分别为自己现场项目管理机构的所有人员投保人身意外伤害保险。

考点 4 发包人义务

20. 【答案】ABE

    【解析】选项 C，提供工程进度计划属于承包人的工作。选项 D，向施工单位进行设计交底属于设计人的工作。

21. 【答案】BCD

    【解析】发包人在施工准备阶段的主要义务包括：①提供施工场地；②组织设计交底；③约定开工时间。选项 A 属于监理人的职责。选项 E 属于承包人的义务。

22. 【答案】A

    【解析】发包人的义务包括提供施工场地、组织设计交底、约定开工时间。

考点 5 承包人义务

23. 【答案】ACDE

    【解析】承包人义务：①现场查勘；②编制施工实施计划，包括施工组织计划、工程质量管理体系、环境保护措施计划；③施工现场内的交通道路和临时工程；④施工控制网；⑤提出开工申请。其中，施工组织设计包括编制施工组织设计和施工进度计划，在施工组织设计中应针对深基坑工程、地下暗挖工程、高大模板工程、高空作业工程、深水作业工程、大爆破工程的施工编制专项施工方案。选项 B 错误，发包人应根据工程的施工需要，负责办理取得出入施工场地的专用和临时道路的通行权。

24. 【答案】ABCE

    【解析】选项 D 错误，发出开工通知属于监理人的工作内容。

25. 【答案】B

    【解析】承包人在施工准备阶段的义务包括：①现场查勘；②编制施工实施计划，包括施工组织设计、质量管理体系、环境保护措施计划；③施工现场内的交通道路和临时工程；④施工控制网；⑤提出开工申请。

26. 【答案】B

    【解析】承包人在施工过程中负责管理施工控制网点，对丢失或损坏的施工控制网点应及时修复，并在工程竣工后将施工控制网点移交发包人。

27. 【答案】D

【解析】在施工组织设计中应针对深基坑工程、地下暗挖工程、高大模板工程、高空作业工程、深水作业工程、大爆破工程的施工编制专项施工方案。对于前3项危险性较大的分部分项工程的专项施工，还需经5人以上的专家来论证方案的安全性和可靠性。

考点 6　监理人职责

28. 【答案】C

【解析】负责施工现场的安全保卫、做好施工现场地下管线和地下设施的保护工作属于承包人的工作。组织设计交底属于发包人的工作。

29. 【答案】D

【解析】施工场地的移交可以一次完成，也可以分次移交，以不影响单位工程的开工为原则。选项B错误，承包人应在施工场地设置专门的质量检查机构，配备专职质量检查人员，建立完善的质量检查制度。选项C错误，监理人应按时批复或提出修改意见，否则该进度计划视为已得到批准。

30. 【答案】A

【解析】如果约定的开工日期已届至且发包人开工前的配合工作已完成，应委托监理人按专用条款约定的时间向承包人发出开工通知；即使此时承包人的开工准备还不满足开工条件，监理人仍应按时发出开工通知，合同工期不予顺延。

31. 【答案】B

【解析】监理人征得发包人同意后，应在开工日期7天前向承包人发出开工通知，合同工期自开工通知中载明的开工日期起计算。

32. 【答案】A

【解析】监理人征得发包人同意后，应在开工日期7天前向承包人发出开工通知，合同工期自开工通知中载明的开工日期起计算。

33. 【答案】C

【解析】选项A错误，当发包人的开工前期工作已完成且临近约定的开工日期时，应委托监理人按专用条款约定的时间向承包人发出开工通知。选项B错误，监理人征得发包人同意后，应在约定的开工日期7天前向承包人发出开工通知。选项D错误，组织编制施工进度计划属于承包人的义务。

第四节　施工合同履行管理

考点 1　合同履行涉及的几个时间期限

1. 【答案】D

【解析】合同工期指承包人在投标函中承诺完成合同工程的时间期限，以及按照合同条款通过变更和索赔程序应给予的顺延工期的时间之和。施工期指从监理人发出的开工通知中写明的开工日起，至工程接收证书中写明的实际竣工日（即提交竣工验收申请报告日）止。

2. 【答案】C

【解析】承包人施工期从监理人发出的开工通知中写明的开工日起，至工程接收证书中写明的实际竣工日止。

考点 2 施工进度管理

3. 【答案】A

【解析】选项A错误，承包人负责编制进度计划。

4. 【答案】D

【解析】选项D错误，暂停施工期间由承包人负责妥善保护工程并提供安全保障。

5. 【答案】CD

【解析】如果发包人根据实际情况要求承包人提前竣工，应与承包人协商达成提前竣工协议。协议的内容应包括：①承包人修订进度计划及为保证工程质量和安全采取的赶工措施；②发包人应提供的条件；③所需追加的合同价款；④提前竣工给发包人带来效益应给承包人的奖励。

6. 【答案】AB

【解析】通用条款中明确规定，由于发包人原因导致的延误，承包人有权获得工期顺延和（或）费用加利润补偿的情况包括：①增加合同工作内容；②改变合同中任何一项工作的质量要求或其他特性；③发包人迟延提供材料、工程设备或变更交货地点；④因发包人原因导致的暂停施工；⑤提供图纸延误；⑥未按合同约定及时支付预付款、进度款；⑦发包人造成工期延误的其他原因。

7. 【答案】C

【解析】暂停施工期间由承包人负责妥善保护工程并提供安全保障。

8. 【答案】A

【解析】如果发包人根据实际情况向承包人提出提前竣工要求，由于涉及合同约定的变更，应与承包人通过协商达成提前竣工协议作为合同文件的组成部分。协议的内容应包括：①承包人修订进度计划及为保证工程质量和安全采取的赶工措施；②发包人应提供的条件；③所需追加的合同价款；④提前竣工给发包人带来效益应给承包人的奖励等。

9. 【答案】C

【解析】发包人承担合同履行的风险较大，造成暂停施工的原因可能来自未能履行合同的行为责任，也可能源于自身无法控制但应承担风险的责任。大体可以分为以下几类原因致使施工暂停：①发包人未履行合同规定的义务。此类原因较为复杂，包括自身未能尽到管理责任，如发包人采购的材料未能及时到货致使停工待料等；也可能源于第三者责任原因，如施工过程中出现设计缺陷导致停工等待变更的图纸等。②协调管理原因。同时在现场的两个承包人发生施工干扰，监理人从整体协调考虑，指示某一承包人暂停施工。③行政管理部门的指令。某些特殊情况下可能执行政府行政管理部门的指示，暂停一段时间的施工。如奥运会和世博会期间，为了环境保护的需要，某些在建工程按照政府文件要求暂停施工。

10. 【答案】ABD

【解析】承包人责任引起的暂停施工，承包人自行承担增加的费用和工期。发包人责任引起的暂停施工，承包人有权要求发包人延长工期和（或）增加费用，并支付合理利润。

考点 3 施工质量管理

11. 【答案】B

【解析】未经监理人同意，施工设备和临时设施中的任何部分不得运出施工场地或挪作他用。承包人使用的施工设备不能满足合同进度计划或质量要求时，监理人有权要求承包人增加或更换施工设备，增加的费用和工期延误由承包人承担。

12. 【答案】ACE

【解析】监理人应与承包人共同进行材料、设备的试验和工程隐蔽前的检验。收到承包人共同检验的通知后，监理人既未发出变更检验时间的通知，又未按时参加，承包人为了不延误施工可以单独进行检查和试验，将记录送交监理人后可继续施工。此次检查或试验视为监理人在场情况下进行，监理人应签字确认。监理人对已覆盖的隐蔽工程部位质量有疑问时，可要求承包人对已覆盖的部位进行钻孔探测或揭开重新检验，承包人应遵照执行，并在检验后重新覆盖恢复原状。经检验证明工程质量符合合同要求，由发包人承担由此增加的费用和（或）工期延误，并支付承包人合理利润；经检验证明工程质量不符合合同要求，由此增加的费用和（或）工期延误由承包人承担。

13. 【答案】BCD

【解析】选项 A 错误，监理人应与承包人共同进行材料、设备的试验和工程隐蔽前的检验。选项 E 错误，重新检验，经检验证明工程质量符合合同要求，由发包人承担由此增加的费用和（或）工期延误，并支付承包人合理利润；经检验证明工程质量不符合合同要求，由此增加的费用和（或）工期延误由承包人承担。

14. 【答案】B

【解析】选项 A 错误，在到货 7 天前通知承包人。选项 C、D 错误，发包人要求提前提交材料和工程设备，承包人不得拒绝，但发包人应承担承包人由此增加的保管费用。

15. 【答案】ABCE

【解析】施工项目部人员管理的措施：①质量检查制度。承包人应在施工场地设置专门的质量检查机构，配备专职质量检查人员，建立完善的质量检查制度。②规范施工作业的操作程序。承包人应加强对施工人员的质量教育和技术培训，定期考核施工人员的劳动技能，严格执行规范和操作规程。③撤换不称职的人员。当监理人要求撤换不能胜任本职工作、行为不端或玩忽职守的承包人项目经理和其他人员时，承包人应予以撤换。选项 D 不属于项目部人员管理的范围。

16. 【答案】C

【解析】选项 A 错误，监理人收到承包人共同检验通知后，既未发出变更检验时间的通知，又未按时参加，承包人为了不延误施工可以单独进行试验和检验，此次试验或检验视为监理人在场情况下进行，监理人应签字确认。选项 B 错误，监理人对承包人的试验和检验结果有疑问，监理人与承包人共同进行重新试验和检验。选项 D 错误，重新试验和检验结果证明质量符合合同要求，由此增加的费用和（或）工期延误由发包人承担。

17. 【答案】D

【解析】重新试验和检验的结果证明该项材料、工程设备或工程的质量不符合合同要求，由此增加的费用和（或）工期延误由承包人承担；重新试验和检验结果证明符合合同要求，由发包人承担由此增加的费用和（或）工期延误，并支付承包人合理利润。

18. 【答案】A

【解析】对发包人提供的材料和工程设备，承包人会同监理人在约定的时间内，在交货地点共同进行验收。

19. 【答案】B

【解析】发包人提供的材料和工程设备经验收后，由承包人承担接收、保管和施工现场内的二次搬运所发生的费用。

20. 【答案】BC

【解析】选项 A，属于发包人的工作。选项 D，发包人提供的材料和工程设备经验收后，由承包人承担接收、保管和施工现场内的二次搬运所发生的费用。选项 E，发包人负责提供的材料和工程设备，由发包人支付材料和工程设备合同价款。

21. 【答案】B

【解析】未通知监理人到场检查，私自将工程隐蔽部位覆盖，监理人有权指示承包人钻孔探测或揭开检查，由此增加的费用和（或）工期延误由承包人承担。

考点 4 工程款支付管理

22. 【答案】ACD

【解析】签约合同价指签订合同时合同协议书中写明的合同总金额，即中标通知书中的中标价。签约合同价就是中标价，中标价即中标人的投标价。

23. 【答案】C

【解析】暂估价和暂列金额均属于包括在签约合同价内的金额。暂列金额适用于材料、设备、施工、服务，包括以计日工方式支付的款项。签约合同价内约定的暂列金额可能全部使用或部分使用，因此承包人不一定能够全部获得支付。

24. 【答案】ACDE

【解析】选项 B 错误，住房和城乡建设部、财政部《建设工程质量保证金管理办法》（建质〔2017〕138 号）规定，发包人应按照合同约定方式预留保证金，保证金总预留比例不得高于工程价款结算总额的 3%。合同约定由承包人以银行保函替代预留保证金的，保函金额不得高于工程价款结算总额的 3%。

25. 【答案】ABC

【解析】选项D错误，因承包人原因导致工期顺延，后续支付时应采用原约定竣工日与实际支付日的两个价格指数中较低的一个作为支付计算的价格指数。选项E错误，适用于工程量清单中单价支付部分的工程款。

26. 【答案】ACDE

【解析】选项A错误，监理人应在收到承包人提交的工程量报表后的7天内进行工程量复核。选项C错误，承包人未按监理人要求参加复核，监理人单方复核或以修正的工程量作为承包人实际完成的工程量。选项D错误，总价子目表中标明的工程量是用于结算的工程量，通常不进行现场计量，只进行图纸计量。选项E错误，承包人实际完成的合格的工程量是支付工程进度款的依据。

27. 【答案】D

【解析】选项A错误，监理人在收到承包人进度付款申请单以及相应的支持性证明文件后14天内完成核查。选项B错误，监理人出具的进度付款证书，不应视为监理人已同意、批准或接受了承包人完成的该部分工作。选项C错误，发包人应在监理人收到进度付款申请单后28天内向承包人支付进度应付款。

28. 【答案】BCE

【解析】签约合同价指签订合同时合同协议书中写明的，包括了暂列金额、暂估价的合同总金额，即中标价。签约合同价是写在协议书和中标通知书内的固定数额，作为结算价款的基数；而合同价格是承包人最终完成全部施工和保修义务后应得的全部合同价款。

29. 【答案】B

【解析】合同价格指承包人按合同约定完成了包括缺陷责任期内的全部承包工作后，发包人应付给承包人的金额。合同价格即承包人完成施工、竣工、保修全部义务后的工程结算总价，包括履行合同过程中按合同约定进行的变更、价款调整，通过索赔应予补偿的金额。

30. 【答案】D

【解析】未达到必须招标的规模或标准时，材料和设备由承包人负责提供，经监理人确认相应的金额；专业工程施工的价格由监理人进行估价确定。

31. 【答案】D

【解析】暂估价指发包人在工程量清单中给出的，用于支付必然发生但暂时不能确定价格的材料、设备以及专业工程的金额。暂估价属于签约合同价的组成部分。

32. 【答案】BCD

【解析】"暂估价"和"暂列金额"的区别表现为：暂估价是在招投标阶段暂时不能合理确定价格，但合同履行阶段必然发生，发包人一定予以支付的款项；暂列金额是在招投标阶段已经确定价格，监理人在合同履行阶段根据工程实际情况指示承包人完成相关工作后给予支付的款项。二者的共同点是：均在已标价的工程量清单中列明，均属于包括在签约合同价内的金额。

33. 【答案】C

【解析】选项A、B错误，选项C正确，暂估价指发包人在工程量清单中给出的，用于支付必然发生但暂时不能确定价格的材料、设备以及专业工程的金额。暂估价属于签约合同价的组成部分。选项D错误，暂估价内的工程材料、设备或专业工程施工，属于依法必须招标的项目，施工过程中由发包人和承包人以招标的方式选择供应商或分包人，按招标的中标价确定。

34. 【答案】A

【解析】《标准施工招标文件》中通用合同条款对费用的定义为：履行合同所发生的或将要发生的不计利润的所有合理开支，包括管理费和应分摊的其他费用。

35. 【答案】AE

【解析】质量保证金从第一次支付工程进度款时开始起扣，从承包人本期应获得的工程进度付款中，以扣除预付款的支付、扣回以及因物价浮动对合同价格的调整三项金额后的款额为基数，按专用条款约定的比例扣留本期的质量保证金。累计扣留达到约定的总额为止。

36. 【答案】C

【解析】因承包人原因未在约定的工期内竣工，后续支付时应采用原约定竣工日与实际支付日的两个价格指数中，较低的一个作为支付计算的价格指数。

37. 【答案】C

【解析】由于变更导致合同中调价公式约定的权重变得不合理时，由监理人与承包人和发包人协商后进行调整。

38. 【答案】ABD

【解析】单价子目已完成工程量按月计量；总价子目的计量周期按批准承包人的支付分解报告确定。总价子目的计量和支付应以总价为基础，不考虑市场价格浮动的调整。除变更外，总价子目表中标明的工程量是用于结算的工程量，通常不进行现场计量，只进行图纸计量。

39. 【答案】B

【解析】经发包人审查同意后，由监理人向承包人出具经发包人签认的进度付款证书。监理人有权扣发承包人未能按照合同要求履行任何工作或义务的相应金额，如扣除质量不合格部分的工程款等。监理人出具的进度付款证书，不应视为监理人已同意、批准或接受了承包人完成的该部分工作。在对以往历次已签发的进度付款证书进行汇总和复核中发现错、漏或重复的，监理人有权予以修正，承包人也有权提出修正申请。

40. 【答案】A

【解析】监理人在收到承包人进度付款申请单以及相应的支持性证明文件后的14天内完成核查，提出发包人到期应支付给承包人的金额以及相应的支持性材料。

41. 【答案】B

【解析】监理人在收到承包人的进度付款申请单以及相应的支持性证明文件后的14天内完成核查，提出发包人到期应支付给承包人的金额以及相应的支持性材料。经发包人审查同意后，由监理人向承包人出具经发包人签认的进度付款证书。

42. 【答案】B

    【解析】监理人根据工程施工的实际需要或发包人要求实施的变更，可以进一步划分为直接指示的变更和通过与承包人协商后确定的变更两种情况。前者涉及变更指示，后者涉及变更意向书，均由监理人发出。

43. 【答案】A

    【解析】签约合同价指签订合同时合同协议书中写明的，包括了暂列金额、暂估价的合同总金额。

44. 【答案】B

    【解析】选项A错误，选项B正确，单价子目已完成工程量按月计量；总价子目的计量周期按批准的支付分解报告确定。选项C错误，除变更外，总价子目表中标明的工程量是用于结算的工程量，通常不进行现场计量，只进行图纸计量。选项D错误，总价子目的计量和支付以总价为基础，不考虑市场价格浮动的调整。

45. 【答案】B

    【解析】暂列金额适用于材料、设备、施工、服务，包括以计日工方式支付的款项。

46. 【答案】ABDE

    【解析】通用合同条款中要求进度付款申请单的内容包括：①截至本次付款周期末已实施工程的价款；②变更金额；③索赔金额；④本次应支付的预付款和扣减的返还预付款；⑤本次扣减的质量保证金；⑥根据合同应增加和扣减的其他金额。

考点 5 施工安全管理

47. 【答案】D

    【解析】发包人承担工程的任何部分对土地的占用所造成的第三者财产损失。

48. 【答案】D

    【解析】选项D错误，工程事故发生后，发包人和承包人应按国家有关规定，及时如实地向有关部门报告事故发生的情况，以及正在采取的紧急措施。

考点 6 变更管理

49. 【答案】D

    【解析】选项A错误，施工过程中出现的变更包括监理人指示的变更和承包人申请的变更两类。选项B错误，取消合同中任何一项工作，但被取消的工作不能转由发包人或其他人实施，属于变更。选项C错误，没有监理人的变更指示，承包人不得擅自变更。

50. 【答案】D

    【解析】与承包人协商后再确定是否实施变更。承包人同意实施变更的，则向监理人提出书面变更建议书，监理人审查承包人的建议书，认为可行，并经发包人同意后，发出变更指示。

51. 【答案】B

【解析】承包人应当向监理人提出书面变更建议，监理人收到承包人的书面变更建议后，应与发包人共同研究，确认存在变更的，应在收到承包人书面变更建议后的14天内做出变更指示。

52. 【答案】C

【解析】选项C错误，已标价工程量清单中无适用于变更工作的子目，但有类似子目，可由监理人在合理范围内参照类似子目的单价商定或确定变更工作的单价。

53. 【答案】B

【解析】已标价工程量清单中无适用或类似子目的单价，可按照成本加利润的原则，由监理人商定或确定变更工作的单价。

54. 【答案】C

【解析】变更的估价原则：①已标价工程量清单中有适用于变更工作的子目，采用该子目的单价计算变更费用；②已标价工程量清单中无适用于变更工作的子目，但有类似子目，可在合理范围内参照类似子目的单价，由监理人商定或确定变更工作的单价；③已标价工程量清单中无适用或类似子目的单价，可按照成本加利润的原则，由监理人商定或确定变更工作的单价。

55. 【答案】ABE

【解析】不利物质条件属于发包人应承担的风险，指承包人在施工场地遇到的不可预见的自然物质条件、非自然的物质障碍和污染物，包括地下和水文条件，但不包括气候条件。

56. 【答案】A

【解析】不利物质条件属于发包人应承担的风险，指承包人在施工场地遇到的不可预见的自然物质条件、非自然的物质障碍和污染物，包括地下和水文条件，但不包括气候条件。

57. 【答案】BCD

【解析】标准施工合同通用条款规定的变更范围包括：①取消合同中任何一项工作，但被取消的工作不能转由发包人或其他人实施；②改变合同中任何一项工作的质量或其他特性；③改变合同工程的基线、标高、位置或尺寸；④改变合同中任何一项工作的施工时间或改变已批准的施工工艺或顺序；⑤为完成工程需要追加的额外工作。

58. 【答案】B

【解析】承包人遇到不利物质条件时，应采取适应不利物质条件的合理措施继续施工，并通知监理人。

考点 7 | 不可抗力

59. 【答案】BCDE

【解析】不可抗力是指承包人和发包人在订立合同时不可预见，在工程施工过程中不可避免发生并不能克服的自然灾害和社会性突发事件，如地震、海啸、瘟疫、水灾、骚乱、暴动、战争和专用合同条款约定的其他情形。

60. 【答案】B

【解析】选项 B 错误,任何一方没有采取有效措施导致损失扩大的,应对扩大的损失承担责任。

61. 【答案】AD

【解析】通用合同条款规定,不可抗力造成的损失由发包人和承包人分别承担("损失自担");永久工程,包括已运至施工场地的材料和工程设备的损害由发包人承担;施工设备损坏、停工损失、承包人的人员伤亡损失均由承包人承担。

62. 【答案】A

【解析】合同解除后,已经订货的材料、设备由订货方负责退货或解除订货合同,不能退还的货款和因退货、解除订货合同发生的费用,由发包人承担,因未及时退货造成的损失由责任方承担。

63. 【答案】A

【解析】发包人要求赶工的,承包人应采取赶工措施,赶工费用由发包人承担。

64. 【答案】ACD

【解析】不可抗力造成的损失由发包人和承包人分别承担:①永久工程,包括已经运至施工场地的材料和工程设备的损害,以及因工程损害造成的第三者人员伤亡和财产损失由发包人承担;②承包人设备的损坏由承包人承担;③发包人和承包人各自承担其人员伤亡和其他财产损失及其相关费用;④停工损失由承包人承担,但停工期间应监理人要求照管工程和清理、修复工程的金额由发包人承担;⑤不能按期竣工的,应合理延长工期,承包人不需支付逾期竣工违约金。发包人要求赶工的,承包人应采取赶工措施,赶工费用由发包人承担。

考点 8 | 索赔管理

65. 【答案】C

【解析】选项 C 错误,承包人提交的最终结清申请单中,只限于提出工程接收证书颁发后发生的索赔。

66. 【答案】ABD

【解析】选项 C 错误,监理人应在收到索赔通知书或有关索赔的进一步证明材料后的 42 天内,将索赔处理结果答复承包人。选项 E 错误,承包人接受索赔处理结果,发包人应在做出索赔处理结果答复后 28 天内完成赔付。

67. 【答案】B

【解析】选项 A、C、D 内容不仅可以补偿工期和费用,还可以补偿利润。

68. 【答案】AE

【解析】选项 C,异常恶劣的气候条件,只能补偿工期。选项 B、D,发包人提供的材料和工程设备提前交货、法规变化引起的价格调整,只能补偿费用。

69. 【答案】AB

【解析】选项 C,异常恶劣的气候条件,只能补偿工期。选项 D,业主或其他承包人的干扰，可以同时给承包人工期、费用和利润补偿。选项 E，发包人提供的材料和工程设备提前交货，只能补偿费用。

70. 【答案】BE

【解析】选项 A，发包人提前占用工程导致承包人费用增加，可以同时给承包人工期、费用和利润补偿。选项 C，不利的物质条件，可以补偿工期和费用。选项 D，不可抗力不能按期竣工，只能补偿工期。

71. 【答案】AC

【解析】选项 B、D、E，发包人可补偿工期、费用和利润。

72. 【答案】D

【解析】监理人应在收到索赔通知书或有关索赔的进一步证明材料后的 42 天内，将索赔处理结果答复承包人。

73. 【答案】AD

【解析】选项 B，不利的物质条件可获得工期和费用索赔，不可获得利润索赔。选项 C，发包人提供的材料和工程设备提前交货，只可获得费用补偿。选项 E，因不可抗力不能按期竣工只可获得工期补偿。

考点 9　违约责任

74. 【答案】ADE

【解析】选项 B 错误，发生承包人违反合同规定的情况时，监理人应向承包人发出整改通知，要求其在指定期限内改正。选项 C 错误，发出整改通知 28 天后承包人仍不纠正违约行为，发包人可向承包人发出解除合同通知。

75. 【答案】ADE

【解析】扣留只是出于继续完成工程的需要，是为了后续工程能够尽快顺利开始，因此不是没收。选项 B 错误，发包人的扣留行为不免除承包人应承担的违约责任，也不影响发包人根据合同约定享有的索赔权利。选项 C 错误，发包人有权要求承包人将其为实施合同而签订的材料和设备的订货合同或任何服务协议转让给发包人，并在解除合同后的 14 天内，依法办理转让手续。

76. 【答案】ABCE

【解析】选项 D 错误，发包人收到承包人通知后的 28 天内仍不履行合同义务，承包人有权暂停施工；暂停施工 28 天后发包人仍不纠正违约行为，承包人可向发包人发出解除合同通知。

考点 10　竣工验收管理

77. 【答案】D

【解析】承包人应负责提供试运行所需的人员、器材和必要的条件，并承担全部试运行费用。

78. 【答案】AE

【解析】选项B错误，竣工验收合格，应在监理人收到竣工验收申请报告后的56天内，由监理人向承包人出具经发包人签认的工程接收证书。选项C错误，竣工验收基本合格，监理人应指示承包人限期修好，并缓发工程接收证书；经监理人复查整修和完善工作达到了要求，再签发工程接收证书，竣工日仍为承包人提交竣工验收申请报告的日期。选项D错误，重新验收如果合格，则工程接收证书中注明的实际竣工日，应为承包人重新提交竣工验收申请报告的日期。

79. 【答案】A

【解析】施工期从监理人发出的开工通知中写明的开工日起，至工程接收证书中写明的实际竣工日（即提交竣工验收申请报告日）止。

80. 【答案】ABC

【解析】选项D错误，如果承包人对发包人签认的竣工付款证书有异议，存在争议的部分，按合同约定的争议条款处理。选项E错误，发包人应在监理人出具竣工付款证书后的14天内，将应支付款支付给承包人。

81. 【答案】BDE

【解析】工程接收证书颁发后，承包人应对施工场地进行清理，直至监理人检验合格为止：①施工场地内残留的垃圾已全部清除出场；②临时工程已拆除，场地已按合同要求进行清理、平整或复原；③按合同约定应撤离的承包人设备和剩余的材料，包括废弃的施工设备和材料，已按计划撤离施工场地；④工程建筑物周边及其附近道路、河道的施工堆积物，已按监理人指示全部清理；⑤监理人指示的其他场地清理工作已全部完成。

82. 【答案】D

【解析】发包人在收到承包人竣工验收申请报告56天后未进行验收，视为验收合格。

83. 【答案】A

【解析】发包人应在监理人出具竣工付款证书后的14天内，将应支付款支付给承包人。

84. 【答案】D

【解析】承包人未按监理人的要求恢复临时占地，或者场地清理未达到合同约定，发包人有权委托其他人恢复或清理，所发生的费用从拟支付给承包人的款项中扣除。

85. 【答案】D

【解析】监理人审查后认为已具备竣工验收条件，应在收到竣工验收申请报告后的28天内提请发包人进行工程验收。

86. 【答案】A

【解析】监理人审查竣工验收报告后认为尚不具备竣工验收条件时，应在收到竣工验收申请报告后的28天内通知承包人。

考点11 缺陷责任期管理

87. 【答案】B

【解析】选项A错误，缺陷责任期自实际竣工日期起计算。选项C错误，试验和试运行的全部费用应由责任方承担。选项D错误，由监理人向承包人出具经发包人签认的缺陷责任期终止证书。

88. 【答案】B

【解析】缺陷责任期满（包括延长的期限终止）后 14 天内，由监理人向承包人出具经发包人签认的缺陷责任期终止证书，并退还剩余的质量保证金。

89. 【答案】A

【解析】缺陷责任期终止证书签发后，承包人按专用合同条款约定的份数和期限向监理人提交最终结清申请单，并提供相关证明材料。工程接收证书颁发后，承包人应按专用合同条款约定的份数和期限向监理人提交竣工付款申请单，并提供相关证明材料。

90. 【答案】C

【解析】缺陷责任期自实际竣工日期起计算。在全部工程竣工验收前，已经发包人提前验收的单位工程，其缺陷责任期的起算日期相应提前。

第七章 建设工程总承包合同管理

第一节 工程总承包合同特点

> ▶ **重难点**：
> 设计施工总承包合同方式的优点与不足。

考点 1 设计施工总承包合同方式的优点

1. 【单选】下列属于建设工程采用设计施工总承包合同方式优点的是（   ）。
   A. 减少设计变更
   B. 易获得最优设计方案
   C. 加强发包人对承包人的监督
   D. 减少承包人的风险

2. 【单选】建设工程设计施工总承包合同方式的优点是（   ）。
   A. 可缩短建设周期　　　　　　　B. 可降低工程成本
   C. 可优化设计方案　　　　　　　D. 可加大监理人监督力度

3. 【多选】对发包人而言，设计施工总承包合同方式的优点有（   ）。
   A. 单一的合同责任　　　　　　　B. 减少发包人对承包人的检查
   C. 减少承包人的索赔　　　　　　D. 固定工期
   E. 减少设计变更

4. 【单选】设计施工总承包合同方式与施工承包方式相比，主要优点是有利于（   ）。
   A. 业主选用指定的分包商
   B. 吸引更多的投标人竞标
   C. 发包人对承包人的监督和检查
   D. 减少承包人的索赔

5. 【多选】下列关于设计施工总承包合同方式的优点，说法正确的有（   ）。
   A. 可以缩短建设周期
   B. 可以减少设计变更
   C. 可以减少承包人索赔

D. 可以最大程度保证设计方案最优
E. 有利于发包人对承包人的监督和检查

◆考点 2　设计施工总承包合同方式的不足

6.【单选】建设工程采用设计施工总承包合同方式的不利因素是（　　）。
A. 监理人对工程实施的监督力度降低
B. 承包人的工程索赔增多
C. 工程投资控制难度增加
D. 发包人的工程风险加大

第二节　工程总承包合同有关各方管理职责

> ➤ 重难点：
> 　　1. 发包人和承包人义务。
> 　　2. 监理人职责。

◆考点 1　发包人义务

1.【多选】下列关于发包人义务的说法，正确的有（　　）。
A. 发包人是总承包合同的一方当事人，对工程项目的实施负责投资支付和项目建设有关重大事项的决定
B. 发包人必须直接向承包人发出开始工作通知
C. 由发包人负责按时办理工程建设项目必须履行的各类审批、核准或备案
D. 发包人对承包人负责的有关设计、施工证件和批件，应给予必要的协助
E. 发包人应委托监理人按合同约定及时组织竣工验收

◆考点 2　承包人义务

2.【单选】关于设计施工总承包合同的承包人的说法，正确的是（　　）。
A. 承包人应当是独立承包人
B. 承包人的分包工作需要征得发包人同意
C. 承包人的分包工作需要经过承包人与发包人共同发包
D. 承包人的全部承包工作内容可分包

3.【多选】根据《标准设计施工总承包招标文件》，关于联合体承包的说法，正确的有（　　）。
A. 联合体协议经监理人确认后作为合同附件
B. 联合体牵头人负责组织和协调联合体成员全面履行合同
C. 承包人可根据需要自行修改联合体协议
D. 联合体的组织和内部分工是重要的评标内容

E. 承包人可根据需要自选调整联合体组成

4. 【单选】对于联合体的承包人，合同履行过程中发包人应与（   ）联系。

   A. 联合体的任一成员

   B. 联合体中负责相应工程内容的成员

   C. 联合体牵头人

   D. 联合体代表

5. 【多选】根据《标准设计施工总承包招标文件》，关于分包工程的说法，正确的有（   ）。

   A. 承包人的分包招标应由监理人组织

   B. 承包人分包工作需征得发包人同意

   C. 承包人不得将设计的关键性工作分包给第三人

   D. 分包人的资格能力应与其分包工作相适应

   E. 合同履行过程中承包人不得再分包任何工作

6. 【单选】根据设计施工总承包合同，关于工程分包的说法，正确的是（   ）。

   A. 承包人不得将其承包的全部工程转包给第三人

   B. 承包人经发包人批准，可将设计任务主体工作分包给有资质的合格主体

   C. 发包人同意分包的工作，由发包人和承包人共同承担责任

   D. 分包人的资格能力应由发包人审核

7. 【单选】根据《标准设计施工总承包招标文件》，关于工程分包的说法，正确的是（   ）。

   A. 承包人经发包人同意，可将全部施工分包给第三人

   B. 承包人的分包合同，应由分包人向监理人提交副本备案

   C. 承包人征得发包人同意，可将部分工程分包给有资质的分包人

   D. 发包人、监理人和承包人共同对分包人进行分包管理

8. 【单选】下列关于设计施工总承包合同的承包人的说法，不正确的是（   ）。

   A. 按合同的约定承担工程项目的设计、招标、采购、施工、试运行和缺陷责任期的质量缺陷修复责任

   B. 可以是独立承包人，也可以是联合体

   C. 对于联合体承包人，监理人应协调联合体各成员全面履行合同

   D. 未经发包人同意，联合体承包人不得擅自改变联合体的组成和修改联合体协议

9. 【单选】下列关于设计施工总承包合同模式下分包工程的说法，不正确的是（   ）。

   A. 承包人不得将其承包的全部工程肢解后以分包的名义分别转包给第三人

   B. 合同履行过程中的分包工作需要征得发包人同意，但在投标文件中已说明并经发包人同意的分包除外

   C. 承包人征得发包人同意后可以将设计和施工的主体、关键性工作的施工分包给第三人

   D. 分包人的资格能力应与其分包工作的标准和规模相适应，并应经监理人审查

考点 3 监理人职责

10. 【单选】根据《标准设计施工总承包招标文件》，监理人更换总监理工程师时，应提

前（　　）天通知承包人。

A. 7　　　　　　　　　　　　　　B. 14

C. 21　　　　　　　　　　　　　 D. 28

11.【单选】根据《标准设计施工总承包招标文件》，总监理工程师超过（　　）天不能履行职责的，应委派代表在许可范围内代行其职责。

A. 2　　　　　　　　　　　　　　B. 3

C. 5　　　　　　　　　　　　　　D. 7

12.【多选】设计施工总承包合同模式下，承包人对总监理工程师授权的监理人员发出的指示有疑问时，做法正确的有（　　）。

A. 在该指示发出的24小时内提出书面异议

B. 在收到该指示的48小时内提出书面异议

C. 向授权的监理人员提出书面异议

D. 向总监理工程师提出书面异议

E. 总监理工程师应在48小时内回复

第三节　工程总承包合同订立

> **重难点：**
> 1. 设计施工总承包合同文件的组成。
> 2. "发包人要求"中出现错误或违法情况的责任承担。
> 3. 竣工后试验。
> 4. 履约担保（有效期、延期责任和费用承担）。
> 5. 保险责任。

考点 1　设计施工总承包合同文件

1.【单选】根据《标准设计施工总承包招标文件》，当发包人要求、中标通知书、合同协议书和专用条款内容不一致时，如果专用条款没有另行约定，应以（　　）的内容为准。

A. 合同协议书　　　　　　　　　　B. 中标通知书

C. 专用条款　　　　　　　　　　　D. 发包人要求

2.【单选】根据《标准设计施工总承包招标文件》，组成合同的文件有：①发包人要求；②价格清单；③通用合同条款。仅就上述合同文件而言，正确的优先解释顺序是（　　）。

A. ①—②—③　　　　　　　　　　B. ③—②—①

C. ③—①—②　　　　　　　　　　D. ②—③—①

3.【单选】根据《标准设计施工总承包招标文件》，下列文件中，属于设计施工总承包合同组成文件的是（　　）。
A. 工程量清单　　　　　　　　　　B. 发包人要求
C. 单位分析表　　　　　　　　　　D. 发包人建议

4.【多选】根据《标准设计施工总承包招标文件》，"发包人要求"文件包含的内容有（　　）。
A. 工程项目管理规定
B. 设计完成时间
C. 缺陷责任期服务要求
D. 合同价格清单
E. 设计标准和规范

5.【单选】根据《标准设计施工总承包招标文件》，"发包人要求"中竣工试验的第一阶段应对（　　）提出要求。
A. 单车试验　　　　　　　　　　B. 联动试车
C. 投料试车　　　　　　　　　　D. 性能测试

6.【单选】根据《标准设计施工总承包招标文件》，工程竣工试验分三个阶段，其中第二阶段进行的是（　　）。
A. 性能测试　　　　　　　　　　B. 联动试车
C. 单车试验　　　　　　　　　　D. 系统联调

7.【单选】设计施工总承包合同中的"价格清单"是指（　　）。
A. 承包人按照发包人提出的工程量清单而计算的报价单
B. 承包人按照发包人的设计图纸概算量，填入单价后计算的合同价格
C. 承包人按发包人提出的投标方案计算的设计、施工、竣工、试运行、缺陷责任期各阶段的计划费用
D. 承包人向发包人的投标报价

8.【单选】根据《标准设计施工总承包招标文件》，下列关于采用专利技术的说法，正确的是（　　）。
A. 承包人采用专利技术的费用应包含在投标报价中
B. 承包人采用专利技术的费用应由发包人另行补偿
C. 承包人因侵犯专利权引起的责任由合同双方共同承担
D. 承包人因侵犯专利权引起的责任由发包人承担

9.【单选】根据《标准设计施工总承包招标文件》，投标人在投标文件中提出采用专利技术的，专利技术使用费的报价和评审正确的是（　　）。
A. 在投标报价外单列，单独进行投标报价评审
B. 包含在投标报价中，综合进行投标报价评审
C. 不进行报价，由评标委员会评估
D. 不进行报价，中标后单独报价评审

10.【单选】根据《标准设计施工总承包招标文件》，合同文件包括：①承包人建议书；②中

标通知书；③合同协议书。仅就上述组成文件而言，正确的优先解释顺序为（　　）。

A. ①—②—③ B. ③—①—②
C. ①—③—② D. ③—②—①

11. 【单选】根据《标准设计施工总承包招标文件》，在工程竣工试验的第二阶段，发包人应提出对（　　）的要求。

A. 单车试验
B. 功能性试验
C. 联动试车
D. 性能测试

12. 【单选】下列设计施工总承包合同文件中，解释顺序最为优先的是（　　）。

A. 中标通知书 B. 投标函
C. 专用合同条款 D. 承包人建议书

13. 【单选】关于设计施工总承包合同中的知识产权，下列说法正确的是（　　）。

A. 著作权归发包人享有
B. 建筑物形象使用收益权归承包人享有
C. 专利技术使用费包含在投标报价内
D. 承包人在进行设计时因侵犯知识产权所引起的责任由发包人承担

考点 2　订立合同时需要明确的内容

14. 【单选】建设工程设计施工总承包合同中，"承包人文件"最重要的组成内容是（　　）。

A. 价格清单
B. 分析软件
C. 设计文件
D. 计算书

15. 【单选】根据《标准设计施工总承包招标文件》，对于施工中遇到的不可预见物质条件风险，正确的处理方式是（　　）。

A. 由发包人承担风险
B. 在合同中明确风险承担方
C. 由承包人承担风险
D. 由合同双方共担风险

16. 【多选】根据《标准设计施工总承包招标文件》，关于竣工后试验的说法，正确的有（　　）。

A. 应当在工程竣工后、移交前进行
B. 应当在工程移交后的缺陷责任期内进行
C. 试验所必需的电力由发包人提供
D. 在专用条款中只能约定应当由发包人负责
E. 在专用条款中只能约定应当由承包人负责

17. 【多选】根据《标准设计施工总承包招标文件》,合同双方需在专用合同条款中约定承包人向监理人提供设计文件的(   )。
    A. 内容
    B. 格式
    C. 数量
    D. 地点
    E. 时间

18. 【多选】根据《标准设计施工总承包招标文件》中的通用合同条款,可以由当事人在两种可供选择的条款中进行选择的事项有(   )。
    A. 发包人是否提供竣工后试验所必需的燃料和材料
    B. 计日工费和暂估价是否包括在合同价格中
    C. 办理取得出入施工场地的道路通行权
    D. 发包人要求中的错误导致承包人受到损失
    E. 发包人是否提供施工设备和临时工程

19. 【多选】某设计施工总承包合同规定采用有条件补偿条款,下列资料错误在承包人复核时未被发现,但其导致的损失仍由发包人承担的有(   )。
    A. 发包人要求中引用的原始数据和资料
    B. 对工程的工艺安排
    C. 试验和检验标准
    D. 对某工程部分功能的要求
    E. 承包人可以核实的数据

20. 【单选】根据标准设计施工总承包合同通用条款的规定,下列说法正确的是(   )。
    A. 出入施工场地的道路通行权以及修建场外设施的权利应当由发包人负责办理并承担费用
    B. 施工设备或临时设施应当由承包人提供
    C. 不可预见物质条件属于应当由发包人承担的风险
    D. 可以约定竣工后试验由发包人或承包人负责

考点 3 | 履约担保

21. 【单选】根据《标准设计施工总承包招标文件》,承包人应保证其履约担保在(   )前一直有效。
    A. 承包人提出工程竣工验收申请
    B. 发包人颁发工程接收证书
    C. 承包人提出工程竣工结算申请
    D. 发包人颁发工程缺陷责任终止证书

22. 【单选】根据标准设计施工总承包合同通用条款的规定,下列关于履约担保有效期的说法,正确的是(   )。
    A. 承包人应保证其履约担保有效期至发包人颁发工程接收证书
    B. 如需进行竣工后试验,履约担保有效期仍至发包人颁发工程接收证书

C. 如果由于发包人原因导致工程延期竣工，承包人不必延展履约担保有效期

D. 如果由于承包人原因导致工程延期竣工，承包人有义务保证履约担保继续有效，但继续提供履约担保所需的费用由发包人承担

考点 4 保险责任

23.【单选】根据《标准设计施工总承包招标文件》，关于保险责任的说法，正确的是（　　）。

A. 建设工程设计责任险应当由发包人投保

B. 选择建设工程设计责任险的保险人，应当经发包人与承包人双方同意

C. 第三者责任险应当由发包人与承包人共同投保

D. 发包人应当为承包人的施工设备投保

24.【单选】根据《标准设计施工总承包招标文件》，承包人应保证其投保的第三者责任险在（　　）前一直有效。

A. 签发工程验收证书

B. 出具最终结清证书

C. 提交竣工验收报告

D. 颁发缺陷责任期终止证书

25.【多选】根据《标准设计施工总承包招标文件》，合同双方应在专用合同条款中约定设计责任险和工程保险的（　　）。

A. 投保时间
B. 投保险种
C. 保险范围
D. 保险期限
E. 投保对象

26.【单选】根据《标准设计施工总承包招标文件》，承包人应按照专用条款约定投保建设工程设计责任险和工程一切险，需要变动保险合同条款时，承包人的正确做法是（　　）。

A. 事先征得监理人同意，并通知设计人

B. 事先征得监理人同意，并通知发包人

C. 事先征得设计人同意，并通知监理人

D. 事先征得发包人同意，并通知监理人

27.【多选】根据《标准设计施工总承包招标文件》，发包人应投保的保险有（　　）。

A. 职业责任险

B. 现场人员工伤保险

C. 第三者责任险

D. 设计和工程保险

E. 现场人员意外伤害保险

28.【多选】根据标准设计施工总承包合同通用条款的规定，承包人要求分包人投保的险种有（　　）。

A. 第三者责任险

B. 建设工程设计责任险
C. 工伤保险
D. 人身意外伤害保险
E. 建筑工程一切险

第四节　工程总承包合同履行管理

> **重难点：**
> 1. 发包人及有关部门的设计审查。
> 2. 工程进度管理（顺延合同工期的情况）。
> 3. 合同价款与工程款支付管理。
> 4. 合同的变更管理、索赔管理及缺陷责任期管理。
> 5. 承包人及发包人违约责任。
> 6. 竣工验收的合同管理。
> 7. 合同争议的解决。

考点 1　开始工作

1. 【单选】根据《标准设计施工总承包招标文件》，因发包人原因造成监理人未能在合同签订之日起（　　）天内发出开始工作通知，承包人有权提出价格调整或解除合同。
   A. 30
   B. 60
   C. 90
   D. 120

考点 2　设计工作的合同管理

2. 【单选】根据《标准设计施工总承包招标文件》，关于设计管理的说法，正确的是（　　）。
   A. 设计的实际进度滞后计划进度时，发包人无权要求承包人修改进度计划
   B. 发包人无权对设计文件进行审查
   C. 承包人向监理人提交修改后的设计文件后，审查期不重新计算
   D. 承包人完成设计工作遵守的国家、行业和地方标准应当采用基准日适用的版本

3. 【单选】根据《标准设计施工总承包招标文件》的规定，自监理人收到承包人设计文件之日起，对承包人设计文件的审查期限不应超过（　　）天。
   A. 7
   B. 14
   C. 21
   D. 28

4. 【单选】基准日之后规范发生重大变化时，承包人应向发包人提出遵守新规定的建议，发包人应在收到建议后（　　）天内发出是否遵守新规定的指示。
   A. 7
   B. 14
   C. 21
   D. 28

5.【多选】设计施工总承包合同模式下,关于设计审查的说法正确的有( )。
   A. 发包人应自监理人收到设计文件之日起14天内完成审查
   B. 承包人需要修改已提交的设计文件,则提交修改后的设计文件后,审查期限继续计算
   C. 发包人审查后认为设计文件不符合合同约定,则承包人提交修改后的设计文件后,审查期限继续计算
   D. 审查期限届满,发包人没有做出审查结论也没有提出异议,视为设计文件已获同意
   E. 设计文件需政府有关部门审查或批准的,发包人应在审查同意承包人的设计文件后7天内向政府有关部门报送设计文件

考点 3 合同价款与工程款支付管理

6.【单选】根据《标准设计施工总承包招标文件》,承包人应根据价格清单中的价格构成、费用性质、计划发生时间和相应工作量等因素编制( )。
   A. 工程进度款支付分解表　　B. 投资计划使用分配表
   C. 工程进度款使用计划表　　D. 建设资金平衡表

考点 4 合同变更的管理

7.【单选】根据《标准设计施工总承包招标文件》,在合同履行过程中,承包人提出合理化建议时,正确的处理程序是( )。
   A. 承包人向监理人提出→监理人与发包人协商→监理人向承包人发出变更指示
   B. 承包人向监理人提出→监理人向发包人报告→发包人与承包人协商合同变更
   C. 承包人向发包人提出→发包人与监理人协商→监理人向承包人发出变更指示
   D. 承包人向发包人提出→发包人通知监理人→监理人向承包人发出变更指示

考点 5 合同的索赔管理

8.【多选】根据设计施工总承包合同通用条款,发包人可以对承包人补偿工期和费用,但不包括利润的情形有( )。
   A. 发包人未能按时提供文件
   B. 发现文物
   C. 行政审批延误
   D. 发包人原因造成工期延误
   E. 出现异常恶劣气候条件

9.【多选】根据《标准设计施工总承包招标文件》中的通用合同条款,承包人有权提出工期、费用和利润三项索赔的情形有( )。
   A. 不可预见的物质条件
   B. 发包人原因导致工期延误
   C. 监理人的指示错误
   D. 发包人提供的材料延误
   E. 异常恶劣的气候条件

10. 【多选】根据《标准设计施工总承包招标文件》，合同履行过程中发生（   ）情形的，承包人仅可获得工期、费用补偿，而不能获得利润补偿。

    A. 争议评审组对监理人确定的修改

    B. 异常恶劣的气候条件

    C. 基准资料有误

    D. 发包人原因造成质量不合格

    E. 行政审批延误

11. 【多选】根据《标准施工招标文件》中的通用合同条款，由承包人承担增加的费用和工期的情形有（   ）。

    A. 由于承包人原因为安全保障所必需的暂停施工

    B. 承包人负责采购、运输的材料未能按期运到工地

    C. 因不可抗力事件导致承包人暂停施工

    D. 因不利物质条件导致承包人暂停施工

    E. 发包人负责采购的工程设备未能按期运到工地

12. 【多选】根据《标准设计施工总承包招标文件》，发包人、承包人或监理人需要在7天内完成相应工作的情形有（   ）。

    A. 监理人获得发包人同意后向承包人发出开始工作通知

    B. 监理人收到承包人报送的进度款支付分解报告后给予批复

    C. 发包人收到承包人提出遵守新规定的建议后发出指示

    D. 监理人收到承包人进度付款申请单后进行审核

    E. 承包人在发出索赔意向通知书后向监理人正式递交索赔通知书

13. 【多选】根据《标准设计施工总承包招标文件》，承包人可获得工期、费用和利润补偿的情形有（   ）。

    A. 发包人违约解除合同   B. 不可抗力发生后的工程照管

    C. 不可预见物质条件   D. 发包人原因影响设计进度

    E. 监理人指示延误或错误

考点 6 违约责任

14. 【单选】因承包人违约，监理人发出整改通知（   ）天后，承包人仍不纠正违约行为的，发包人有权解除合同并向承包人发出解除合同通知。

    A. 7   B. 14

    C. 21   D. 28

15. 【多选】设计施工总承包合同的承包人违约导致合同解除后，发包人的权限范围包括（   ）。

    A. 向承包人索赔

    B. 没收承包人在现场的材料、设备和临时设施

    C. 要求承包人转让为实施合同而签订的订货协议

D. 对承包人实际完成工作的价值进行估价

E. 使用承包人文件

考点 7 竣工验收的合同管理

16.【单选】根据《标准设计施工总承包招标文件》,竣工试验分三阶段进行,其中第一阶段进行的是(   )。

A. 联动试车

B. 保证工程满足合同要求的试验

C. 功能性试验

D. 产能及环保指标测试

17.【多选】根据《标准设计施工总承包招标文件》,关于竣工验收及竣工后试验的说法,正确的有(   )。

A. 承包人应在竣工试验通过后按合同约定进行工程设备试运行

B. 承包人应提前 21 天将申请竣工试验的通知送达监理人

C. 工程验收合格后,发包人直接向承包人签发工程接收证书

D. 竣工后试验通常在缺陷责任期内工程安全稳定运行一段时间后进行

E. 工程接收证书中注明的实际竣工日期以验收合格的日期为准

18.【单选】根据《标准设计施工总承包招标文件》,下列关于工程竣工试验的说法,不正确的是(   )。

A. 承包人应提前 21 天将申请竣工试验的通知送达监理人

B. 承包人应向监理人提交竣工文件、暂行操作和维修手册

C. 监理人应在 14 天内确定竣工试验的具体时间

D. 联动试车、投料试车在工程竣工试验的第二阶段进行

19.【多选】按照《建设工程项目总承包管理规范》的规定,承包人在完成竣工必备条件并提交(   )后,即可向监理人报送竣工验收申请报告。

A. 竣工记录   B. 竣工图

C. 竣工文件   D. 暂行操作和维修手册

E. 最终操作和维修手册

考点 8 缺陷责任期管理

20.【多选】根据《标准设计施工总承包招标文件》,关于缺陷责任期及竣工后试验的说法,正确的有(   )。

A. 承包人应负责缺陷责任期内工程的日常维护工作

B. 竣工后试验应在缺陷责任期内进行

C. 发包人应提前 28 天将竣工后试验的日期通知承包人

D. 缺陷责任期内承包人有权进入工程现场修复工程缺陷

E. 竣工后试验应按专用合同条款约定由发包人或承包人进行

21. 【多选】根据《标准设计施工总承包招标文件》，关于竣工后试验的说法，正确的有（   ）。
    A. 应当在工程竣工后、移交前进行
    B. 应当在工程移交后的缺陷责任期内进行
    C. 试验所必需的电力由发包人提供
    D. 在专用条款中只能约定应当由发包人负责
    E. 应当由负责进行竣工后试验的一方提前 21 天将竣工后试验的日期通知对方

考点 9　合同争议的解决

22. 【单选】根据《标准设计施工总承包招标文件》，发包人与承包人在履行合同中发生争议，经争议评审组评审但当事人不接受评审意见而提交仲裁的，应在仲裁结束前暂按（   ）执行。
    A. 争议评审组的评审意见　　　　　B. 发包人的意见
    C. 承包人的意见　　　　　　　　　D. 总监理工程师的决定

23. 【单选】发包人和承包人在履行合同中发生争议后进行友好协商解决，如协商不成，下列做法正确的是（   ）。
    A. 应当提请争议评审组评审
    B. 如不接受争议评审组意见，可以再申请仲裁或提起诉讼
    C. 专用合同条款中可以约定仲裁和诉讼两种解决方式供合同当事人选择
    D. 合同争议评审过程中，由争议评审组评审，争议双方不必争取友好协商

24. 【单选】下列关于争议评审组的说法，正确的是（   ）。
    A. 由发包人负责组建
    B. 由有合同管理和工程实践经验的专家组成
    C. 作出的评审意见具有强制约束力
    D. 负责拟定执行协议，经争议双方签字后作为合同的补充文件

25. 【多选】发包人和承包人在履行合同中发生争议后提请争议评审组评审，下列说法不正确的有（   ）。
    A. 提请争议评审是申请仲裁或提起诉讼的前置程序
    B. 在争议评审期间，争议双方暂按总监理工程师的决定执行
    C. 争议双方接受评审意见后，由监理人根据评审意见拟定执行协议，并遵照执行
    D. 争议双方不接受评审意见，可要求提交仲裁或提起诉讼
    E. 仲裁或诉讼结束前应暂按评审意见执行

参考答案及解析

第七章 建设工程总承包合同管理

第一节 工程总承包合同特点

考点 1 设计施工总承包合同方式的优点

1. 【答案】A

   【解析】设计施工总承包合同方式的优点包括：①单一的合同责任；②固定工期、固定费用；③可以缩短建设周期；④减少设计变更；⑤减少承包人的索赔。

2. 【答案】A

   【解析】设计施工总承包合同方式的优点有：①单一的合同责任；②固定工期、固定费用；③可以缩短建设周期；④减少设计变更；⑤减少承包人的索赔。

3. 【答案】ACDE

   【解析】设计施工总承包合同方式的优点有：①单一的合同责任；②固定工期、固定费用；③可以缩短建设周期；④减少设计变更；⑤减少承包人的索赔。

4. 【答案】D

   【解析】与发包人将工程项目建设的全部任务采用平行发包或陆续发包的模式比较，设计施工总承包模式的优点包括：①单一的合同责任；②固定工期、固定费用；③可以缩短建设周期；④减少设计变更；⑤减少承包人的索赔。设计施工总承包模式的缺点包括：①设计不一定是最优方案；②发包人对承包人项目实施的监督和检查力度减弱。

5. 【答案】ABC

   【解析】设计施工总承包合同方式的优点有：①单一的合同责任；②固定工期、固定费用；③可以缩短建设周期；④减少设计变更；⑤减少承包人的索赔。

考点 2 设计施工总承包合同方式的不足

6. 【答案】A

   【解析】虽然在设计和施工过程中，发包人也聘请监理人（或发包人代表），但由于设计方案和质量标准均出自承包人，监理人对项目实施的监督力度相比发包人委托设计再由承包人施工的管理模式，在对设计的细节和施工过程的控制能力方面有所降低。

第二节 工程总承包合同有关各方管理职责

考点 1 发包人义务

1. 【答案】ACD

【解析】选项 B 错误，发包人应委托监理人按约定向承包人发出开始工作通知，向承包人提供施工场地及进场施工条件，并明确与承包人的交接界面。选项 E 错误，发包人应履行按合同约定及时组织竣工验收等合同约定的其他义务。

考点 2 承包人义务

2. 【答案】B

   【解析】总承包合同的承包人可以是独立承包人，也可以是联合体。分包工作需要征得发包人同意。承包人不得将其承包的全部工程转包给第三人，也不得将其承包的全部工程肢解后以分包的名义分别转包给第三人。承包人不得将设计和施工的主体、关键性工作的施工分包给第三人。

3. 【答案】BD

   【解析】总承包合同的承包人可以是独立承包人，也可以是联合体。对于联合体的承包人，合同履行过程中发包人和监理人仅与联合体牵头人或联合体授权的代表联系，由其负责组织和协调联合体各成员全面履行合同。由于联合体的组成和内部分工是评标中很重要的评审内容，联合体协议经发包人确认后已作为合同附件，因此通用条款规定，履行合同过程中，未经发包人同意，承包人不得擅自改变联合体的组成和修改联合体协议。

4. 【答案】C

   【解析】对于联合体的承包人，合同履行过程中发包人和监理人仅与联合体牵头人或联合体授权的代表联系，由其负责组织和协调联合体各成员全面履行合同。

5. 【答案】BCD

   【解析】为了保证工程项目圆满实现发包人预期的建设目标，通用条款中对工程分包做了如下的规定：①承包人不得将其承包的全部工程转包给第三人，也不得将其承包的全部工程肢解后以分包的名义分别转包给第三人；②分包工作需要征得发包人同意，发包人已同意投标文件中说明的分包除外，合同履行过程中承包人还需要分包的工作，仍应征得发包人同意；③承包人不得将设计和施工的主体、关键性工作的施工分包给第三人，要求承包人是具有实施工程设计和施工能力的合格主体，而非皮包公司；④分包人的资格能力应与其分包工作的标准和规模相适应，其资质能力的材料应经监理人审查；⑤发包人同意分包的工作，承包人应向发包人和监理人提交分包合同副本。

6. 【答案】A

   【解析】承包人不得将其承包的全部工程转包给第三人，也不得将其承包的全部工程肢解后以分包的名义分别转包给第三人。承包人不得将设计和施工的主体、关键性工作的施工分包给第三人。分包人的资格能力应与其分包工作的标准和规模相适应，其资质能力的材料应经监理人审查。承包人和分包人是分包合同的当事人，不包括发包人，因此由承包人和分包人对分包工作共同承担责任。

7. 【答案】C

   【解析】选项 A 错误，承包人不得将其承包的全部工程转包给第三人，也不得将其承包的全部工程肢解后以分包的名义分别转包给第三人。选项 B 错误，发包人同意分包的工作，承包人应向发包人和监理人提交分包合同副本。选项 D 错误，承包人对分包人进行分包管理。

8. 【答案】C

   【解析】选项 C 错误，发包人和监理人仅与联合体牵头人或联合体授权的代表联系，由其负责组织和协调联合体各成员全面履行合同。

9. 【答案】C

   【解析】选项 C 错误，承包人不得将设计和施工的主体、关键性工作的施工分包给第三人。

考点 3 监理人职责

10. 【答案】B

    【解析】更换总监理工程师时，应提前 14 天通知承包人。

11. 【答案】A

    【解析】总监理工程师超过 2 天不能履行职责的，应委派代表代行其职责，并通知承包人。

12. 【答案】DE

    【解析】承包人对总监理工程师授权的监理人员发出的指示有疑问时，可在该指示发出的 48 小时内向总监理工程师提出书面异议，总监理工程师应在 48 小时内对该指示予以确认、更改或撤销。

第三节　工程总承包合同订立

考点 1 设计施工总承包合同文件

1. 【答案】A

   【解析】合同文件的优先解释次序为：合同协议书、中标通知书、投标函及投标函附录、专用合同条款、通用合同条款、发包人要求、承包人建议书、价格清单、其他合同文件。

2. 【答案】C

   【解析】在标准总承包合同的通用条款中规定，履行合同过程中，构成对发包人和承包人有约束力合同的组成文件包括：①合同协议书；②中标通知书；③投标函及投标函附录；④专用合同条款；⑤通用合同条款；⑥发包人要求；⑦承包人建议书；⑧价格清单；⑨其他合同文件——经合同当事人双方确认构成合同文件的其他文件。合同的各文件中出现含义或内容的矛盾时，如果专用条款没有另行的约定，以上合同文件序号为优先解释的顺序。

3. 【答案】B

   【解析】在标准总承包合同的通用条款中规定，履行合同过程中，构成对发包人和承包人有约束力合同的组成文件包括：①合同协议书；②中标通知书；③投标函及投标函附录；④专用合同条款；⑤通用合同条款；⑥发包人要求；⑦承包人建议书；⑧价格清单；

⑨其他合同文件——经合同当事人双方确认构成合同文件的其他文件。

4. 【答案】ABCE
   【解析】发包人要求文件应说明11个方面的内容：①功能要求；②工程范围；③工艺安排或要求；④时间要求，包括开始工作时间、设计完成时间等；⑤技术要求，包括设计标准和规范、技术标准和要求等；⑥竣工试验；⑦竣工验收；⑧竣工后试验（如有）；⑨文件要求；⑩工程项目管理规定；⑪其他要求，包括缺陷责任期的服务要求等。

5. 【答案】A
   【解析】对于竣工试验，第一阶段，如对单车试验等的要求，包括试验前准备；第二阶段，如对联动试车、投料试车等的要求，包括人员、设备、材料、燃料、电力、消耗品、工具等必要条件；第三阶段，如对性能测试及其他竣工试验的要求，包括产能指标、产品质量标准、运营指标、环保指标等。

6. 【答案】B
   【解析】对于竣工试验，第一阶段，如对单车试验等的要求，包括试验前准备；第二阶段，如对联动试车、投料试车等的要求，包括人员、设备、材料、燃料、电力、消耗品、工具等必要条件；第三阶段，如对性能测试及其他竣工试验的要求，包括产能指标、产品质量标准、运营指标、环保指标等。

7. 【答案】C
   【解析】设计施工总承包合同的价格清单，指承包人按投标文件中规定的格式和要求填写，并标明价格的报价单。与施工招标由发包人依据设计图纸的概算量提出工程量清单，经承包人填写单价后计算价格的方式不同。由于由承包人提出设计的初步方案和实施计划，因此价格清单是指承包人完成所提投标方案计算的设计、施工、竣工、试运行、缺陷责任期各阶段的计划费用，清单价格费用的总和为签约合同价。

8. 【答案】A
   【解析】选项B错误，承包人在投标文件中采用专利技术的，专利技术的使用费包含在投标报价内。选项C、D错误，承包人在进行设计，以及使用任何材料、承包人设备、工程设备或采用施工工艺时，因侵犯专利权或其他知识产权所引起的责任，由承包人自行承担。

9. 【答案】B
   【解析】承包人在投标文件中采用专利技术的，专利技术的使用费包含在投标报价内。

10. 【答案】D
    【解析】总承包合同的组成文件包括：①合同协议书；②中标通知书；③投标函及投标函附录；④专用合同条款；⑤通用合同条款；⑥发包人要求；⑦承包人建议书；⑧价格清单；⑨其他合同文件——经合同当事人双方确认构成合同文件的其他文件。合同的各文件中出现含义或内容的矛盾时，如果专用条款没有另行的约定，以上合同文件序号为优先解释的顺序。

11. 【答案】C
    【解析】工程竣工试验第一阶段：承包人进行适当的检查和功能性试验，保证每一项工程设备都满足合同要求，并能安全地进入下一阶段试验，如对单车试验等的要求，包括试验前准备。工程竣工试验第二阶段：承包人进行试验，保证工程或区段工程满足合同要求，在所有可利用的操作条件下安全运行，如对联动试车、投料试车等的要求，包括人员、设备、材料、燃料、电力、消耗品、工具等必要条件。工程竣工试验第三阶段：当工程能安全运行时，承包人应通知监理人，可以进行其他竣工试验，包括各种性能测试，以证明工程符合发包人要求中列明的性能保证指标，如对性能测试及其他竣工试验的要求，包括产能指标、产品质量标准、运营指标、环保指标等。

12. 【答案】A

【解析】施工总承包合同组成文件优先解释顺序：①合同协议书；②中标通知书；③投标函及投标函附录；④专用合同条款；⑤通用合同条款；⑥发包人要求；⑦承包人建议书；⑧价格清单；⑨其他合同文件——经合同当事人双方确认构成合同文件的其他文件。

13. 【答案】C

【解析】选项A、B错误，除署名权以外的著作权以及建筑物形象使用收益权等其他知识产权均归发包人享有。选项D错误，承包人在进行设计，以及使用任何材料、承包人设备、工程设备或采用施工工艺时，因侵犯专利权或其他知识产权所引起的责任，由承包人自行承担。

考点 2 订立合同时需要明确的内容

14. 【答案】C

【解析】承包人文件中最主要的组成内容是设计文件，需在专用条款中约定承包人向监理人陆续提供文件的内容、数量和时间。

15. 【答案】B

【解析】通用条款中对风险责任承担的规定有两个供选择的条款：一是此风险由承包人承担；二是由发包人承担。双方应当明确本合同选用哪一条款的规定。

16. 【答案】BC

【解析】竣工后试验是指工程竣工移交后，在缺陷责任期内投入运行期间，对工程的各项功能的技术指标是否达到合同规定要求而进行的试验。由于发包人已接受工程并进入运行期，因此试验所必需的电力、设备、燃料、仪器、劳力、材料等由发包人提供。竣工后试验按专用条款的约定由发包人或承包人负责进行。

17. 【答案】ACE

【解析】承包人文件中最主要的是设计文件，需在专用条款中约定承包人向监理人陆续提供文件的内容、数量和时间。

18. 【答案】BCDE

【解析】标准设计施工总承包合同通用条款给出在两种可供选择的条款中进行选择的事项：①道路通行权和场外设施；②发包人要求中的错误；③材料和工程设备；④施工设备和临时工程；⑤计日工和暂估价的补偿方式；⑥不可预见物质条件风险责任承担；

⑦竣工后试验的责任方。竣工后试验按专用条款的约定由发包人或承包人进行，但不论由谁负责进行，发包人均承担下列责任：①提供竣工后试验所必需的电力、设备、燃料、仪器、劳力、材料等；②提前21天将竣工后试验的日期通知承包人。

19. 【答案】ABCD

【解析】以下资料的错误无论承包人复核时发现与否，导致承包人增加的费用和（或）工期延误，均由发包人承担，并向承包人支付合理利润：①发包人要求中引用的原始数据和资料；②对工程或其任何部分的功能要求；③对工程的工艺安排或要求；④试验和检验标准；⑤除合同另有约定外，承包人无法核实的数据和资料。

20. 【答案】D

【解析】标准设计施工总承包合同通用条款给出在两种可供选择的条款中进行选择的事项：①道路通行权和场外设施；②发包人要求中的错误；③材料和工程设备；④施工设备和临时工程；⑤计日工和暂估价的补偿方式；⑥不可预见物质条件风险责任承担；⑦竣工后试验的责任方。

考点 3 履约担保

21. 【答案】B

【解析】承包人应保证其履约担保在发包人颁发工程接收证书前一直有效。

22. 【答案】A

【解析】如果合同约定需要进行竣工后试验，承包人应保证其履约担保有效期至竣工后试验通过。如果工程延期竣工（无论谁导致），承包人有义务保证履约担保继续有效。由于发包人原因导致延期的，继续提供履约担保所需的费用由发包人承担；由于承包人原因导致延期的，继续提供履约担保所需的费用由承包人承担。

考点 4 保险责任

23. 【答案】B

【解析】选项A错误，选项B正确，承包人按照专用合同条款的约定向双方同意的保险人投保建设工程设计责任险、建筑工程一切险或安装工程一切险。选项C错误，承包人按照专用合同条款的约定投保第三者责任险。选项D错误，承包人应为其施工设备、进场的材料和工程设备等办理保险。

24. 【答案】D

【解析】承包人按照专用条款约定投保第三者责任险的担保期限，应保证在颁发缺陷责任期终止证书前一直有效。

25. 【答案】BCD

【解析】承包人按照专用条款的约定向双方同意的保险人投保建设工程设计责任险、建筑工程一切险或安装工程一切险。具体的投保险种、保险范围、保险金额、保险费率、保险期限等有关内容应当在专用条款中明确约定。

26. 【答案】D

【解析】承包人需要变动保险合同条款时，应事先征得发包人同意，并通知监理人。

27. 【答案】BE

【解析】发包人应为其现场机构雇用的全部人员投保工伤保险和人身意外伤害保险，并要求监理人也投保此项保险。

28. 【答案】CD

【解析】承包人应为其雇用的全部人员投保工伤保险和人身意外伤害保险，并要求分包人也投保此项保险。

第四节　工程总承包合同履行管理

考点 1　开始工作

1. 【答案】C

【解析】因发包人原因造成监理人未能在合同签订之日起 90 天内发出开始工作通知，承包人有权提出价格调整要求，或者解除合同。

考点 2　设计工作的合同管理

2. 【答案】D

【解析】选项 A 错误，设计的实际进度滞后计划进度时，发包人或监理人有权要求承包人提交修正的进度计划、增加投入资源并加快设计进度。选项 B 错误，承包人的设计文件提交监理人后，发包人应组织设计审查。选项 C 错误，如果承包人需要修改已提交的设计文件，应立即通知监理人。向监理人提交修改后的设计文件后，审查期重新起算。选项 D 正确，承包人应按照基准日时适用的法律规定，以及国家、行业和地方规范和标准完成设计工作，并符合发包人要求。

3. 【答案】C

【解析】为了不影响后续工作，自监理人收到承包人的设计文件之日起，对承包人的设计文件审查期限不超过 21 天。

4. 【答案】A

【解析】承包人完成设计工作所应遵守的法律规定，以及国家、行业和地方规范和标准，均应采用基准日适用的版本。基准日之后，规范或标准的版本发生重大变化，或者有新的法律，以及国家、行业和地方规范和标准实施时，承包人应向发包人或监理人提出遵守新规定的建议。发包人或监理人应在收到建议后 7 天内发出是否遵守新规定的指示。

5. 【答案】DE

【解析】选项 A 错误，发包人应自监理人收到承包人设计文件之日起 21 天内完成审查。选项 B 错误，如果承包人提交设计文件后需要修改，应立即通知监理人，向监理人提交修改后的设计文件后，审查期限重新起算。选项 C 错误，发包人审查后认为设计文件不符合合同约定，承包人应根据监理人的书面说明进行修改后重新报送发包人审查，审查期限重新起算。

考点 3 合同价款与工程款支付管理

6.【答案】 A

【解析】承包人应根据价格清单的价格构成、费用性质、计划发生时间和相应工作量等因素,对拟支付的款项进行分解并编制支付分解表。

考点 4 合同变更的管理

7.【答案】 A

【解析】履行合同过程中,承包人可以通过书面形式向监理人提交改变"发包人要求"文件中有关内容的合理化建议书。合理化建议书的内容应包括建议工作的详细说明、进度计划和效益以及与其他工作的协调等,并附必要的设计文件。监理人应与发包人协商是否采纳承包人的建议。建议被采纳并构成变更,由监理人向承包人发出变更指示。

考点 5 合同的索赔管理

8.【答案】 BCE

【解析】对承包人的补偿原则:①非承包人原因导致施工延误或暂停补偿工期;②发包人有过错导致承包人损失补偿费用和利润;③发包人无过错导致承包人损失补偿费用;④因不可抗力导致承包人损失不需补偿费用和利润(损失自担)。选项A、D,可以对承包人补偿工期、费用和利润。

9.【答案】 BCD

【解析】选项A、E,可补偿工期和费用。

10.【答案】 ABE

【解析】选项C、D,可以索赔工期、费用和利润。

11.【答案】 AB

【解析】选项C,可索赔工期;选项D,可索赔工期和费用;选项E,可索赔工期、费用和利润。

12.【答案】 ABC

【解析】选项A正确,符合专用条款约定的开始工作条件时,监理人获得发包人同意后应提前7天向承包人发出开始工作通知。选项B正确,监理人应当在收到承包人报送的支付分解报告后7天内给予批复或提出修改意见。选项C正确,发包人或监理人应在收到建议后7天内发出是否遵守新规定的指示。选项D错误,监理人在收到承包人进度付款申请单以及相应的支持性证明文件后14天内完成审核。选项E错误,承包人应在发出索赔意向通知书后28天内,向监理人正式递交索赔通知书。

13.【答案】 BDE

【解析】选项A不符合题意,发包人违约解除合同,承包人只可获得费用、利润补偿。选项C不符合题意,因不可预见物质条件,承包人只可获得工期、费用补偿。

考点 6 违约责任

14.【答案】D

【解析】因承包人违约,监理人发出整改通知28天后,承包人仍不纠正违约行为的,发包人有权解除合同并向承包人发出解除合同通知。

15.【答案】ACE

【解析】选项B错误,发包人有权扣留使用承包人在现场的材料、设备和临时设施,"扣留"并不等于"没收"。选项D错误,监理人在承包人收到发包人解除合同通知后28天内,按约定确定承包人实际完成工作的价值。

考点 7 竣工验收的合同管理

16.【答案】C

【解析】通用条款规定的竣工试验程序按三阶段进行。其中第一阶段,承包人进行适当的检查和功能性试验,保证每一项工程设备都满足合同要求,并能安全地进入下一阶段试验。

17.【答案】ABD

【解析】选项A正确,竣工试验通过后,承包人应按合同约定进行工程及工程设备试运行。选项B正确,承包人应提前21天将申请竣工试验的通知送达监理人。选项C错误,经验收工程合格,监理人经发包人同意后向承包人签发工程接收证书。选项D正确,对于大型工程,为了检验承包人的设计、设备选型和运行情况等的技术指标是否满足合同的约定,通常在缺陷责任期内工程稳定运行一段时间后,在专用条款约定的时间内进行竣工后试验。选项E错误,证书中注明的实际竣工日期,以提交竣工验收申请报告的日期为准。

18.【答案】B

【解析】选项B错误,承包人应向监理人提交竣工记录、暂行操作和维修手册。

19.【答案】BCE

【解析】承包人完成相关工作并提交了竣工文件、竣工图、最终操作和维修手册后,即可向监理人报送竣工验收申请报告。

考点 8 缺陷责任期管理

20.【答案】BDE

【解析】选项A错误,缺陷责任期内,发包人负责已接收使用的工程的日常维护工作。选项C错误,发包人应将竣工后试验的日期提前21天通知承包人。

21.【答案】BC

【解析】竣工后试验是指工程竣工移交后,在缺陷责任期内工程投入运行期间,对工程的各项功能的技术指标是否达到合同规定要求而进行的试验。竣工后试验按专用条款的约定由发包人或承包人进行,不论由谁负责进行,发包人均承担下列责任:①提供竣工后试验所必需的电力、设备、燃料、仪器、劳力、材料等;②提前21天将竣工后试的日期通知承包人。

考点 9 合同争议的解决

22. 【答案】D

    【解析】发包人或承包人不接受评审意见,并要求提交仲裁或提起诉讼的,应在收到评审意见后的14天内将仲裁或起诉意向书面通知另一方,并抄送监理人,但在仲裁或诉讼结束前应暂按总监理工程师的决定执行。

23. 【答案】B

    【解析】选项A错误,发包人和承包人在履行合同中发生争议的,可以友好协商解决或者提请争议评审组评审。选项C错误,合同当事人友好协商解决不成、不愿提请争议评审或者不接受争议评审组意见的,可在专用合同条款中约定采用下列一种方式解决:①向约定的仲裁委员会申请仲裁;②向有管辖权的人民法院提起诉讼。选项D错误,在提请争议评审、仲裁或者诉讼前,以及在争议评审、仲裁或诉讼过程中,发包人和承包人均可共同努力友好协商解决争议。

24. 【答案】B

    【解析】选项A错误,发包人和承包人协商成立争议评审组。选项C、D错误,发包人和承包人接受评审意见的,由监理人根据评审意见拟定执行协议,经争议双方签字后作为合同的补充文件,并遵照执行。发包人或承包人不接受评审意见,可以要求提交仲裁或提起诉讼。

25. 【答案】ABCE

    【解析】合同当事人友好协商解决不成、不愿提请争议评审或者不接受争议评审组意见的,可在专用合同条款中约定采用下列一种方式解决:①向约定的仲裁委员会申请仲裁;②向有管辖权的人民法院提起诉讼。在争议评审期间,争议双方暂按总监理工程师的决定执行。发包人和承包人接受评审意见的,由监理人根据评审意见拟定执行协议,经争议双方签字后作为合同的补充文件,并遵照执行。发包人或承包人不接受评审意见,可以要求提交仲裁或提起诉讼。在仲裁或诉讼结束前应暂按总监理工程师的决定执行。

第八章 建设工程材料设备采购合同管理

第一节 材料设备采购合同特点及分类

> **重难点：**
> 1. 材料设备采购合同的概念、特点及分类。
> 2. 材料设备采购合同文本构成及优先解释顺序。

考点 1 材料设备采购合同的概念

1. 【多选】建设工程材料设备采购合同的属性有（　　）。
   A. 主合同
   B. 从合同
   C. 双务有偿合同
   D. 诺成合同
   E. 委托合同

2. 【多选】关于建设工程材料设备采购合同的说法，正确的有（　　）。
   A. 当事人意思表示一致时合同成立
   B. 材料交付时合同成立
   C. 是单务合同
   D. 是买卖合同
   E. 是无偿合同

考点 2 材料设备采购合同的特点

3. 【多选】建设工程材料设备采购合同条款主要涉及的内容有（　　）。
   A. 生产制造
   B. 交接程序
   C. 质量检验方式
   D. 质量要求
   E. 合同价款支付

4. 【单选】关于建设工程材料设备采购合同的特点，下列说法正确的是（　　）。
   A. 合同买受人只能是承包人
   B. 合同出卖人可以是生产厂家，也可以是从事物资流转业务的供应商
   C. 大型设备采购合同的条款一般限于物资交货阶段

D. 出卖人应尽量提前交货，使建设项目及时发挥效益

考点 3 | 材料设备采购合同的分类

5. 【单选】由于建设工程材料设备采购合同的标的数量较大，一般都采用非即时买卖合同，下列说法正确的是（　　）。
   A. 货样买卖的买受人不知道样品有隐蔽瑕疵的，出卖人交付的标的物质量仍然应当符合同种物的通常标准
   B. 试用期间届满，试用买卖的买受人对是否购买标的物未作表示的，视为拒绝购买
   C. 分期交付买卖的买受人就某一批标的物解除后，可以同时解除与该批标的物相互依存的其他各批标的物，但尚未交付的除外
   D. 分期付款买卖的买受人未支付到期价款的金额达到全部价款的五分之一的，出卖人只能要求买受人支付全部价款

考点 4 | 九部委材料、设备采购合同文本的构成

6. 【多选】根据《标准设备采购招标文件》，组成设备采购合同的文件有（　　）。
   A. 分项报价表
   B. 招标文件
   C. 供货要求
   D. 技术服务计划
   E. 商务和技术偏差表

第二节　材料采购合同履行管理

> **重难点：**
> 1. 合同价格与支付（预付款、进度款、结清款）。
> 2. 包装、标记、运输和交付。
> 3. 买方延迟付款、卖方迟延交货违约金计算。

考点 1 | 合同价格与支付

1. 【多选】根据《标准材料采购招标文件》中的通用合同条款，材料采购支付的合同价款有（　　）。
   A. 预付款　　　　　　　　　　B. 交货款
   C. 进度款　　　　　　　　　　D. 验收款
   E. 结清款

2. 【多选】买方在支付进度款前需收到卖方提交的单据有（　　）。
   A. 卖方出具的交货清单正本一份

B. 买方签署的收货清单正本一份
C. 制造商出具的出厂质量合格证正本一份
D. 合同价格100%金额的增值税发票正本一份
E. 保险公司出具的履约保函正本一份

3. 【单选】根据《标准材料采购招标文件》，全部合同材料质量保证期届满后，买方应在一定时间内向卖方支付合同价格（　　）的结清款。
   A. 0%
   B. 5%
   C. 3%
   D. 2%

4. 【单选】根据《标准材料采购招标文件》，除专用合同条款另有约定外，材料采购合同生效后，买方应在约定时间内向卖方支付签约合同价的（　　）作为预付款。
   A. 30%
   B. 20%
   C. 15%
   D. 10%

5. 【多选】关于材料采购合同中合同价款的支付，下列说法正确的有（　　）。
   A. 合同生效后买方支付的预付款为签约合同价的10%
   B. 卖方依约交付合同材料并提供相关服务后，买方支付合同价格95%的进度款
   C. 结清款为合同价格5%，在全部合同材料交付后支付
   D. 合同价款的支付均在买方收到卖方单据并经审核无误后28日内支付
   E. 卖方的违约金应当从结清款中扣除

考点 2　包装、标记、运输和交付

6. 【单选】根据《标准材料采购招标文件》，合同材料的所有权和风险自（　　）时起由卖方转移到买方。
   A. 交付
   B. 核验
   C. 清点
   D. 签约

7. 【单选】根据《标准材料采购招标文件》，合同约定的材料运输至施工场地卸货交付后，该材料的照管责任及风险应由（　　）承担。
   A. 卖方
   B. 买方
   C. 卖方和买方
   D. 材料生产厂家

8. 【多选】关于建设工程材料采购合同的履行，下列说法正确的有（　　）。
   A. 卖方应对合同材料进行妥善包装，满足多次搬运、装卸、长途运输的需要即可
   B. 卖方应自行选择适宜的运输工具及线路安排合同材料运输
   C. 卖方应在合同材料预计启运7日前进行预通知，并在启运后48小时内正式通知买方
   D. 卖方应在施工场地将合同材料交付给买方，交付后由买方负责卸货
   E. 卖方承担交付前材料毁损的风险

考点 3　检验和验收

9. 【单选】根据《标准材料采购招标文件》，合同材料交付前，卖方应对其进行全面检验，

并在交付合同材料时向买方提交的合同材料质量证明文件是（　　）。
A. 质量检测报告　　　　　　　　　B. 产品核验清单
C. 第三方检测证明　　　　　　　　D. 质量合格证书

10.【多选】某建设工程材料采购合同专用条款约定由买方对合同材料进行检验，下列说法正确的有（　　）。
A. 卖方参加检验的费用由买方承担
B. 若合同材料经检验视为合格，卖方仍应按约定进行减价或向买方支付补偿金
C. 验收证书签署后卖方对合同材料不再承担责任
D. 若买方在全部合同材料交付后 3 个月内未安排检验，卖方可签署进度款支付函
E. 进度款支付函自签署之日起生效，但不免除卖方继续配合买方进行检验和验收的义务

考点 4 违约责任

11.【单选】因卖方未能按时交付合同约定的材料，每延迟一天，应向买方支付材料金额的（　　）作为违约金。
A. 0.08%　　　　　　　　　　　　B. 0.5%
C. 0.8%　　　　　　　　　　　　　D. 1.0%

12.【单选】卖方未能按时交付合同约定的材料时，应向买方支付迟延交货违约金，关于该违约金的说法正确的是（　　）。
A. 迟延交付违约金以天为单位计算
B. 每天迟延交付违约金为合同价格的 0.08%
C. 迟延交付违约金的最高限额为迟延交付材料金额的 10%
D. 支付迟延交货违约金后，卖方可以不再交付合同约定的材料

第三节　设备采购合同履行管理

> **重难点：**
> 1. 合同价格与支付（预付款、交货款、验收款、结清款）。
> 2. 包装、标记、运输和交付。
> 3. 开箱检验、安装、调试、考核、验收。
> 4. 买方延迟付款、卖方迟延交货违约金计算。

考点 1 合同价格与支付

1.【单选】根据《标准设备采购招标文件》中的通用合同条款，除专用合同条款另有约定外，买方应向卖方支付合同价格的（　　）作为验收款。
A. 25%　　　　　　　　　　　　　B. 30%

C. 40% D. 60%

2. 【多选】根据《标准设备采购招标文件》中的通用合同条款，设备采购支付的合同价款有（　　）。

   A. 预付款 B. 交货款
   C. 监造款 D. 验收款
   E. 结清款

3. 【多选】关于设备采购合同中合同价款的支付，下列说法正确的有（　　）。

   A. 合同生效后买方支付的预付款为签约合同价的10%
   B. 卖方交付全部合同设备后，买方支付签约合同价60%的交货款
   C. 验收款为合同价格的25%
   D. 结清款为合同价格的5%，只能在合同设备质量保证期届满后支付
   E. 合同价款的支付均在买方收到卖方单据并经审核无误后28日内支付

考点 2　监造及交货前检验

4. 【多选】某设备采购合同专用条款约定买方对合同设备进行监造，下列说法正确的有（　　）。

   A. 不得对合同设备关键部件的生产制造进行监造
   B. 监造人员如发现合同设备不符合合同约定的标准，有权暂停生产制造
   C. 视为对合同设备质量的确认，但不免除卖方对合同设备应承担的责任
   D. 卖方交货后买方仍有权对合同设备提出质量异议或退货
   E. 卖方不承担监造人员的交通、食宿费用，但应免费提供工作条件及便利

5. 【多选】某设备采购合同专用条款约定买方参与交货前检验，下列说法正确的有（　　）。

   A. 卖方未提前通知买方而自行检验，则买方有权要求卖方暂停发货并重新进行检验
   B. 买方代表在检验中发现合同设备不符合合同约定的标准，则有权更换合同设备
   C. 买方代表参与交货前检验及签署交货前检验记录的行为，视为对合同设备质量的确认
   D. 买方承担买方代表的交通、食宿费用
   E. 卖方为买方代表提供工作条件及便利可以收取必要费用

考点 3　包装、标记、运输和交付

6. 【单选】根据《标准设备采购招标文件》，买卖双方可约定合同设备的所有权和风险转移的界面为（　　）。

   A. 设备制造厂的运输工具上
   B. 施工场地设备安装部位
   C. 运至施工场地运输工具的车面上
   D. 施工场地的安装作业面

7. 【单选】关于建设工程设备采购合同的履行，下列说法正确的是（　　）。

   A. 卖方应在每一包装箱相邻的四个侧面以不可擦除的、明显的方式标注"重心"和"起

吊点"，以便装卸和搬运
　　B. 每件能够独立运行的设备应整套装运，该设备安装、调试、考核和运行所使用的备品、备件、易损易耗件等应随相关主机一起装运
　　C. 卖方应在施工场地卸货后将合同设备交付给买方
　　D. 卖方自负风险和费用进行卸货

考点 4 开箱检验、安装、调试、考核、验收

8. 【单选】根据《标准设备采购招标文件》，由买方原因，合同约定的设备在三次考核中均未能达到技术性能考核指标，买卖双方应签署的文件是（　　）。
　　A. 设备质量合格证
　　B. 验收款支付函
　　C. 进度款支付函
　　D. 设备验收证书

9. 【单选】根据《标准设备采购招标文件》中的通用合同条款，除专用合同条款另有约定外，合同设备的开箱检验应在（　　）进行。
　　A. 卖方仓库　　　　　　　　　　B. 第三方检测地
　　C. 施工场地　　　　　　　　　　D. 第三方物流公司

10. 【单选】建设工程设备采购合同买卖双方约定在合同设备交付后的一定期限内开箱检验，关于该开箱检验的说法正确的是（　　）。
　　A. 开箱检验包括对合同设备数量、质量及外观的检验
　　B. 买方承担卖方代表到场参加开箱检验的费用
　　C. 如果开箱检验时合同设备外包装与交货时一致，则检验中发现的合同设备与合同约定不符的情形，由卖方负责
　　D. 开箱检验的检验结果视为对合同设备质量的确认，但卖方此后仍承担质量保证责任

11. 【单选】关于建设工程设备采购合同中的安装、调试，下列说法正确的是（　　）。
　　A. 安装、调试中合同设备运行需要的用水、用电应由买卖双方共同承担
　　B. 卖方应承担安装、调试中合同设备运行需要的原材料
　　C. 卖方可以按约定负责合同设备的安装、调试工作，也可以只负责提供技术服务
　　D. 如卖方负责对安装、调试提供技术服务，则其应对安装、调试不成功承担责任

12. 【多选】关于建设工程设备采购合同中的考核、验收，说法不正确的有（　　）。
　　A. 为买卖双方进行考核的机会均不超过三次
　　B. 由于买方原因合同设备未能达到技术性能考核指标，卖方仍有提供 12 个月技术服务的义务，且买方无需因此向卖方支付费用
　　C. 如买方在最后一批合同设备交付后 6 个月内未能开始考核，卖方仍有提供 6 个月技术服务的义务，且买方应承担卖方因此产生的全部费用
　　D. 以开始考核的日期为验收日期
　　E. 合同设备验收证书的签署不免除卖方对合同设备的质量保证责任

考点 5 技术服务

13. 【多选】关于建设工程设备采购合同中的技术服务，下列说法正确的有（　　）。

    A. 买方可以要求卖方撤换不合格的技术人员以及承担撤换费用

    B. 卖方更换其技术人员的费用由买方承担

    C. 买方为卖方技术人员提供工作条件及便利可以收取必要费用

    D. 由买方承担卖方技术人员的交通、食宿费用

    E. 卖方技术人员应遵守买方施工现场的各项规章制度和安全操作规程

考点 6 违约责任

14. 【单选】卖方未能按时交付合同设备时，应向买方支付迟延交货违约金，关于该违约金的说法正确的是（　　）。

    A. 迟延交付违约金以天为单位计算

    B. 每天迟延交付违约金为迟交合同设备价格的 0.5%

    C. 迟延交付违约金的最高限额为迟交合同设备价格的 10%

    D. 支付迟延交货违约金后，卖方应继续交付合同设备

15. 【多选】某设备采购合同履行中，卖方交付合同设备已迟延 10 周。下列关于卖方迟延交付违约金的计收，说法正确的有（　　）。

    A. 第四周迟延交付违约金为迟交合同设备价格的 0.5%

    B. 第五周迟延交付违约金为迟交合同设备价格的 1%

    C. 第八周迟延交付违约金为迟交合同设备价格的 1.5%

    D. 第十周迟延交付违约金为迟交合同设备价格的 1.5%

    E. 迟延支付违约金最高不得超过迟交合同设备价格的 10%

参考答案及解析

第八章　建设工程材料设备采购合同管理

第一节　材料设备采购合同特点及分类

考点 1　材料设备采购合同的概念

1. 【答案】CD
   【解析】建设工程材料设备采购合同的属性：①买卖合同；②有偿合同；③双务合同；④诺成合同。

2. 【答案】AD
   【解析】建设工程材料设备采购合同属于买卖合同、有偿合同、双务合同、诺成合同，不以实物的交付为合同成立的条件。

考点 2　材料设备采购合同的特点

3. 【答案】BCDE
   【解析】建设工程材料设备采购合同的条款一般限于物资交货阶段，主要涉及交接程序、质量检验方式、质量要求和合同价款的支付等。

4. 【答案】B
   【解析】选项A错误，买受人即采购人，可以是发包人，也可以是承包人。选项C错误，大型设备的采购，除了交货阶段的工作外，往往还包括生产制造阶段、安装调试阶段、试运行阶段、性能达标检验和保修等方面的条款约定。选项D错误，出卖人必须严格按照合同约定的时间交付订购的货物，提前交货通常买受人也不同意。

考点 3　材料设备采购合同的分类

5. 【答案】A
   【解析】选项B错误，试用期间届满，试用买卖的买受人对是否购买标的物未作表示的，视为购买。选项C错误，分期交付买卖的买受人就某一批标的物解除后，可以同时解除与该批标的物相互依存的其他各批标的物，包括尚未交付的。选项D错误，分期付款买卖的买受人未支付到期价款的金额达到全部价款的五分之一的，出卖人可以要求买受人支付全部价款或者解除合同。

考点 4　九部委材料、设备采购合同文本的构成

6. 【答案】ACDE
   【解析】设备采购合同文件的组成：①合同协议书；②中标通知书；③投标函；④商务和技术偏差表；⑤专用合同条款；⑥通用合同条款；⑦供货要求；⑧分项报价表；⑨中标

设备技术性能指标的详细描述；⑩技术服务和质保期服务计划；⑪其他合同文件。

第二节 材料采购合同履行管理

考点 1 合同价格与支付

1. 【答案】ACE

    【解析】除专用合同条款另有约定外，买方应通过以下方式向卖方支付合同价款：①预付款；②进度款；③结清款。

2. 【答案】ABCD

    【解析】卖方按照合同约定的进度交付合同材料并提供相关服务后，买方在收到卖方提交的下列单据并经审核无误后 28 日内，应向卖方支付进度款，进度款支付至该批次合同材料的合同价格的 95％：①卖方出具的交货清单正本一份；②买方签署的收货清单正本一份；③制造商出具的出厂质量合格证正本一份；④合同材料验收证书或进度款支付函正本一份；⑤合同价格 100％金额的增值税发票正本一份。

3. 【答案】B

    【解析】全部合同材料质量保证期届满后，买方在收到卖方提交的由买方签署的质量保证期届满证书并经审核无误后 28 日内，向卖方支付合同价格 5％的结清款。

4. 【答案】D

    【解析】材料采购合同生效后，买方应在约定时间内向卖方支付签约合同价的 10％作为预付款。

5. 【答案】AD

    【解析】选项 B 错误，卖方依约交付合同材料并提供相关服务后，进度款支付至该批次合同材料的合同价格的 95％。选项 C 错误，结清款在全部合同材料质量保证期届满后支付。选项 E 错误，当卖方应向买方支付合同项下的违约金或赔偿金时，买方有权从任何一笔应付款中予以直接扣除和（或）兑付履约保证金。

考点 2 包装、标记、运输和交付

6. 【答案】A

    【解析】合同材料的所有权和风险自交付时起由卖方转移至买方，合同材料交付给买方之前包括运输在内的所有风险均由卖方承担。

7. 【答案】B

    【解析】合同材料的所有权和风险自交付时起由卖方转移至买方，合同材料交付给买方之前包括运输在内的所有风险均由卖方承担。

8. 【答案】BE

    【解析】选项 A 错误，卖方应对合同材料进行妥善包装，满足多次搬运、装卸、长途运输的需要并适宜保管。选项 C 错误，卖方应在合同材料预计启运 7 日前进行预通知，并在启运后 24 小时内正式通知买方。选项 D 错误，卖方应在施工场地卸货后将合同材料

交付给买方。

考点 3 | 检验和验收

9. 【答案】D

   【解析】合同材料交付前,卖方应对其进行全面检验,并在交付合同材料时向买方提交合同材料的质量合格证书。

10. 【答案】BD

    【解析】选项 A 错误,卖方应自付费用派遣代表参加检验。选项 C 错误,合同材料验收证书的签署不免除卖方在质量保证期内对合同材料应承担的保证责任。选项 E 错误,卖方签署进度款支付函提交买方,如买方在收到后 7 日内未提出书面异议,则进度款支付函自签署之日起生效。

考点 4 | 违约责任

11. 【答案】A

    【解析】除专用合同条款另有约定外,延迟交付违约金计算方法如下:延迟交付违约金＝延迟交付材料金额×0.08%×延迟交货天数。延迟交付违约金的最高限额为合同价格的 10%。

12. 【答案】A

    【解析】选项 B 错误,每天迟延交付违约金为迟延交付材料金额的 0.08%。选项 C 错误,迟延交付违约金的最高限额为合同价格的 10%。选项 D 错误,卖方支付迟延交货违约金,不免除其继续交付合同材料的义务。

第三节　设备采购合同履行管理

考点 1 | 合同价格与支付

1. 【答案】A

   【解析】标准设备采购招标,买方应向卖方支付合同价格的 25% 作为验收款。

2. 【答案】ABDE

   【解析】设备采购支付的合同价款包括预付款、交货款、验收款、结清款。

3. 【答案】ACE

   【解析】选项 B 错误,卖方交付全部合同设备后,买方支付合同价格 60% 的交货款。选项 D 错误,买方向卖方支付验收款的同时或其后的任何时间内,卖方可在向买方提交买方可接受的金额为合同价格 5% 的合同结清款保函的前提下,要求买方支付合同结清款,买方不得拒绝。

考点 2 | 监造及交货前检验

4. 【答案】DE

   【解析】选项 A 错误,买方监造人员可到合同设备关键部件的生产制造现场进行监造。

选项 B 错误，买方监造人员在监造中如发现合同设备及其关键部件不符合合同约定的标准，有权提出意见和建议。选项 C 错误，买方监造人员对合同设备的监造，不视为对合同设备质量的确认。

5. 【答案】AD

【解析】选项 B 错误，买方代表在检验中如果发现合同设备不符合合同约定的标准，则有权提出异议。选项 C 错误，买方代表参与交货前检验及签署交货前检验记录的行为，不视为对合同设备质量的确认。选项 E 错误，卖方应承担检验费用，并免费为买方代表提供工作条件及便利。

考点 3 包装、标记、运输和交付

6. 【答案】C

【解析】买卖双方可约定合同设备的所有权和风险转移的界面为运至施工场地运输工具的车面上。

7. 【答案】B

【解析】选项 A 错误，对于专用合同条款约定的超大超重件，卖方应在包装箱两侧标注"重心"和"起吊点"，以便装卸和搬运。选项 C 错误，卖方应根据合同约定的交付时间和批次在施工场地车面上将合同设备交付给买方。选项 D 错误，买方自负风险和费用进行卸货。

考点 4 开箱检验、安装、调试、考核、验收

8. 【答案】B

【解析】如由于买方原因导致合同约定的设备在三次考核中均未能达到技术性能考核指标，买卖双方应在考核结束后 7 日内或专用合同条款另行约定的时间内签署验收款支付函。

9. 【答案】C

【解析】根据《标准设备采购招标文件》中的通用合同条款，除专用合同条款另有约定外，合同设备的开箱检验应在施工场地进行。

10. 【答案】C

【解析】选项 A 错误，合同设备交付后应进行开箱检验，即检验合同设备的数量及外观。选项 B 错误，卖方应自负费用派遣代表到场参加开箱检验。选项 D 错误，开箱检验的检验结果不视为对合同设备质量的确认。

11. 【答案】C

【解析】选项 A、B 错误，安装、调试中合同设备运行需要的用水、用电、其他动力和原材料（如需要）等均由买方承担。选项 D 错误，由于买方或买方安排的第三方未按照卖方现场服务人员的指导进行安装、调试，导致安装、调试不成功和（或）合同设备损坏，买方应自行承担责任。

12. 【答案】BCD

【解析】选项 B 错误，由于买方原因合同设备未能达到技术性能考核指标，卖方有义务在验收款支付函签署后 12 个月内应买方要求提供相关技术服务，买方应承担卖方因此产生的全部费用。选项 C 错误，由于买方原因在最后一批合同设备交货后 6 个月内未能开始考核，卖方有义务在验收款支付函签署后 6 个月内应买方要求提供不超出合同范围的技术服务，且买方无需因此向卖方支付费用。选项 D 错误，验收日期应为合同设备达到或视为达到技术性能考核指标的日期。

考点 5 技术服务

13. 【答案】AE

【解析】选项 B 错误，在不影响技术服务并且征得买方同意的条件下，卖方可自付费用更换其技术人员。选项 C 错误，买方应免费为卖方技术人员提供工作条件及便利。选项 D 错误，卖方技术人员的交通、食宿费用由卖方承担。

考点 6 违约责任

14. 【答案】D

【解析】迟延交付违约金以周为单位计算；每周迟延交付违约金为迟交合同设备价格的 0.5%。迟延交付违约金的最高限额为合同价格的 10%。

15. 【答案】ABD

【解析】第一至四周，每周迟延支付违约金为：迟交合同设备价格×0.5%（迟付不足一周的按一周计算）。第五至八周，每周迟延交付违约金为：迟交合同设备价格×1%。第九周起，每周迟延交付违约金为：迟交合同设备价格×1.5%。迟延交付违约金的最高限额为合同价格的 10%。

第九章 国际工程常用合同文本

第一节 FIDIC 施工合同条件

> 重难点：
> 1. 广泛应用的 FIDIC 标准合同条件。
> 2. 业主、承包商和工程师的主要责任和义务。
> 3. 工程计量和估价、不可预见、工程照管责任、工程的接收、索赔以及争端处理。

考点 1 《施工合同条件》中各方责任和义务

1. 【单选】根据 FIDIC《施工合同条件》，属于工程师职责和权力的是（　　）。
   A. 提供履约担保证书
   B. 及时提供设计图纸
   C. 给予承包商现场进入权
   D. 接收并处理索赔报告

2. 【多选】根据 FIDIC《施工合同条件》，工程师受业主委托进行合同管理时，应履行的工作职责和义务有（　　）。
   A. 确认工程变更和合同款支付
   B. 提前将其参加试验的意向通知承包商
   C. 免除任何一方依照合同应具有的职责
   D. 向其助手指派任务和委托部分权力
   E. 随时进行工程计量

3. 【单选】根据 FIDIC《施工合同条件》，关于工程师地位和权力的说法，正确的是（　　）。
   A. 不属于业主方人员
   B. 可以行使合同中明确规定的权力
   C. 不得行使合同中必然隐含的权力
   D. 保持公正（Impartiall）的态度处理问题

考点 2 《施工合同条件》典型条款分析

4. 【单选】根据 FIDIC《施工合同条件》，承包商向工程师发出申请工程接收证书通知的时间应在承包商认为工程即将竣工并做好接收准备日期前不少于（　　）天。
   A. 14
   B. 21
   C. 28
   D. 30

5. 【单选】根据 FIDIC《施工合同条件》，承包商应从开工之日起，承担工程照管责任，直到（　　）之日止。
   A. 承包商提交工程竣工验收申请
   B. 颁发工程接收证书
   C. 承包商提交工程竣工结算申请
   D. 业主颁发工程缺陷责任证书

6. 【单选】根据 FIDIC《施工合同条件》，合同争端可按照规定由争端避免/裁决委员会（DAAB）裁决。关于 DAAB 人员任命和酬金的说法，正确的是（　　）。
   A. 由业主任命、承包商承担酬金
   B. 合同双方联合任命、业主承担酬金
   C. 合同双方联合任命、承包商承担酬金
   D. 合同双方联合任命、分摊酬金

7. 【多选】根据 FIDIC《施工合同条件》的规定，下列表述正确的有（　　）。
   A. 承包商应提供除竣工试验外永久设备、材料和工程试验所需的仪器、电力、燃料等
   B. 工程师签署试验证书不免除承包商此后的质量保证责任
   C. 承包商向业主方人员提供一切机会配合检查，可以免除承包商的部分义务和责任
   D. 工程师拒收永久设备、材料或工艺后可以要求适当降低标准和条件后再度试验
   E. 拒收和再度试验产生的附加费用均由承包商承担

8. 【多选】根据 FIDIC《施工合同条件》的规定，关于永久工程计量的说法，正确的有（　　）。
   A. 应按工程量表中规定的方法计量，若工程量表中无规定，则按符合合同数据表或其他适用的明细表中的规定计量
   B. 每项工程应以实际完成的净值计算，同时考虑膨胀、收缩或浪费
   C. 当地有惯例的，依照当地惯例计量
   D. 承包商在被要求对测量记录进行审查后 14 天内未通知工程师并说明记录中不准确之处，则工程师的记录应视为准确并予认可
   E. 承包商未能派人到场，则工程师的记录应视为准确并予认可

9. 【多选】根据 FIDIC《施工合同条件》的规定，下列对每项工作进行估价的做法，正确的有（　　）。
   A. 根据计量出的该项工作的工程量乘以相应费率或价格进行估价
   B. 如合同中无某项内容，应取适用工作的费率或价格

C. 如合同中规定该项工作为固定费率，则不得调整该项工作规定的费率或价格

D. 工程量的变动与费率的乘积超过了中标合同额的0.01%时，可对该项工作规定的费率或价格加以调整

E. 根据变更和调整的规定指示的工作，合同中没有规定该项工作的费率或价格，也未规定适合的费率或价格时，可对该项工作的费率或价格加以调整

10.【单选】根据FIDIC《施工合同条件》，对"不可预见"的理解正确的是（　　）。

A. "不可预见"指承包商在提交投标书日期前不能合理预见的风险

B. 业主获得的标价和施工方案中承包商已考虑不可预见的风险

C. 不可预见的物质条件包括气候条件

D. 承包商因不可预见的物质条件遭受损失，有权提出工期和费用索赔，但不包括利润索赔

11.【单选】根据FIDIC《施工合同条件》，关于工程照管责任的说法，正确的是（　　）。

A. 从开工日期起，承包商承担工程照管责任，直到工程验收合格之日止

B. 在负责照管期间，承包商可以对工程损害予以修复后向业主索赔

C. 颁发工程接收证书后，工程照管责任应移交给业主，承包商不再承担照管责任

D. 对接收证书颁发前业主已经使用的部分，照管责任自开始使用之日起转由业主承担

12.【单选】根据FIDIC《施工合同条件》，关于工程接收的说法不正确的是（　　）。

A. 承包商可在其认为工程即将竣工并做好接收准备的日期至少14天前向工程师发出申请工程接收证书的通知

B. 业主接收工程的，工程师应在收到承包商申请通知后28天内颁发工程接收证书

C. 工程师在承包商提交接收申请28天内未答复，则视为工程已在工程师收到承包商的申请通知后的第14天竣工

D. 如工程视为竣工，则同时视为工程师已颁发了工程接收证书

13.【单选】根据FIDIC《施工合同条件》，如果在工程接收证书颁发前业主使用了工程的任何部分，则下列说法正确的是（　　）。

A. 该使用部分视为自开始使用之日起被业主接收

B. 该使用部分的工程接收证书应当与全部工程一并颁发

C. 该使用部分的照管责任自颁发工程接收证书之日起转由业主承担

D. 业主对该部分的使用使承包商增加费用，承包商有权提出除利润以外的索赔

14.【单选】根据FIDIC《施工合同条件》，如果承包商未能按合同中竣工时间的规定如期完工，应当支付误期赔偿费，下列说法正确的是（　　）。

A. 误期赔偿费以天为单位计算

B. 误期赔偿费没有最高限额

C. 除误期赔偿费以外，业主还可要求承包商为延误竣工支付违约金

D. 支付误期赔偿费后，承包商可以不再承担完工义务

15. 【单选】根据 FIDIC《施工合同条件》，关于争端避免/裁决委员会（DAAB）的说法，正确的是（　　）。

   A. 业主和承包商双方应在规定的日期前联合任命

   B. 由具有适当资格的一至三人组成

   C. 成员可以包括业主代表和承包商代表

   D. 做出的决定具有强制约束力

16. 【单选】根据 FIDIC《施工合同条件》，如任一争端方对争端避免/裁决委员会（DAAB）做出的决定不满，下列说法正确的是（　　）。

   A. 该决定对争端双方不具有约束力

   B. 可以申请仲裁

   C. 仲裁前不必争取友好协商解决争端

   D. 在仲裁结束前暂按工程师的决定执行

第二节　FIDIC 设计采购施工（EPC）/交钥匙工程合同条件

> **重难点：**
> 1. 业主、承包商的主要责任和义务。
> 2. 典型条款分析（合同组成文件及业主要求、业主代表、承包商代表、不可预见的困难、进度计划与进度报告、支付、运维培训）。

考点 1　《设计采购施工（EPC）/交钥匙工程合同条件》及各方责任和义务

1. 【多选】FIDIC《设计采购施工（EPC）/交钥匙工程合同条件》的特征有（　　）。

   A. 招标文件应提供详细的施工图纸

   B. 承包商应负责建成设施的长期商业运营

   C. 业主承担全部"不可预见的困难"风险

   D. 采用总价合同计价模式

   E. 业主委派"业主代表"负责管理合同

2. 【单选】根据 FIDIC《设计采购施工（EPC）/交钥匙工程合同条件》，承包商应在开工日期后（　　）天内向业主提交一份进度计划。

   A. 21　　　　B. 28　　　　C. 42　　　　D. 56

考点 2　《设计采购施工（EPC）/交钥匙工程合同条件》典型条款分析

3. 【单选】根据 FIDIC《设计采购施工（EPC）/交钥匙工程合同条件》，合同文件的优先解释顺序是（　　）。

   A. 通用合同条件—专用合同条件—投标书—业主要求

B. 专用合同条件—通用合同条件—业主要求—投标书

C. 通用合同条件—专用合同条件—业主要求—投标书

D. 专用合同条件—通用合同条件—投标书—业主要求

4.【多选】根据 FIDIC《设计采购施工（EPC）/交钥匙工程合同条件》，承包商在开工后向业主提交的进度计划中所包括的内容有（   ）。

A. 保证进度如期实现承诺书

B. 工程各主要阶段的预期时间安排

C. 各项重要检验的顺序安排

D. 各项重要试验的时间安排

E. 计划采取的赶工方案及措施

5.【单选】根据 FIDIC《设计采购施工（EPC）/交钥匙工程合同条件》，优先解释顺序仅次于合同协议书和合同条件的合同文件是（   ）。

A. 投标书　　　　　　　　　　B. 工程量清单

C. 业主要求　　　　　　　　　D. 设计标准

6.【多选】根据 FIDIC《设计采购施工（EPC）/交钥匙工程合同条件》，合同文件的组成包括（   ）。

A. 通用合同条件　　　　　　　B. 专用合同条件

C. 中标通知书　　　　　　　　D. 投标函

E. 业主要求

7.【多选】下列关于 FIDIC 的 EPC 合同条件的说法，正确的有（   ）。

A. 合同参与方中没有"工程师"这一角色

B. 业主应任命一名"业主代表"，代表业主进行日常管理工作

C. 业主代表应被认为具有业主方根据合同规定的全部权力，包括终止合同的权力

D. 承包商代表可向任何胜任的人员授予权力和职责，该授权应在业主收到承包商代表签署的告知通知后方能生效

E. 分包商的选择都要经过业主的同意

8.【多选】根据 FIDIC 的 EPC 合同条件规定，对下列信息的正确性业主应负责的有（   ）。

A. 不可改变的部分、数据和资料

B. 对工程的预期目标的说明

C. 工程竣工的试验和性能标准

D. 设计标准和计算

E. 对工程的工艺安排或要求

9.【多选】根据 FIDIC 的 EPC 合同条件规定，承包商有权提出工期索赔的情形包括（   ）。

A. 根据合同变更的规定调整竣工时间

B. 异常不利的气候条件

C. 根据合同条件承包商有权获得工期顺延

D. 由于政府行为导致的不可预见的货物短缺

E. 由在现场的业主的其他承包商造成的延误或阻碍

10. 【多选】下列关于 FIDIC 的 EPC 合同条件的说法，正确的有（　　）。

A. 业主委派"业主代表"代表业主负责工程管理工作

B. 采用工程量清单计价模式

C. 业主仅对"业主要求"中的部分信息的正确性负责

D. 承包商可以就异常不利的气候条件提出工期索赔

E. 直至业主收到临时的操作与维护手册，不能认为工程已按合同规定的接收要求竣工

第三节　NEC 施工合同（ECC）及合作伙伴管理

> 重难点：
> 1. NEC 施工合同（ECC）的内容组成。
> 2. 早期警告和补偿事件。

考点 1　NEC 施工合同（ECC）的内容组成

1. 【多选】根据英国土木工程师学会发布的 NEC 系列中施工合同（ECC），下列属于主要选项条款的有（　　）。

A. 承包商的主要责任

B. 带有分项工程表的标价合同

C. 成本补偿合同

D. 补偿事件

E. 区段竣工

2. 【多选】英国土木工程师学会发布的 NEC 施工合同（ECC）的基本组成内容有（　　）。

A. 核心条款　　　　　　　　B. 索赔条款

C. 主要选项条款　　　　　　D. 次要选项条款

E. 裁决协议条款

3. 【单选】根据 NEC 施工合同（ECC）条件，下列属于核心条款的是（　　）。

A. 履约保证　　　　　　　　B. 承包商预付款

C. 区段竣工　　　　　　　　D. 测试和缺陷

4. 【单选】根据 NEC 施工合同，签订合同时，价格已经确定的合同属于（　　）。

A. 管理合同

B. 目标合同

C. 标价合同

D. 成本补偿合同

5. 【多选】根据 NEC 施工合同（ECC），下列属于次要选项条款的有（　　）。
   A. 测试和缺陷
   B. 保留金
   C. 争端和合同终止
   D. 所有权
   E. 工期延误赔偿费

6. 【单选】根据 NEC 施工合同（ECC），签订合同时，拟建工程范围还没有完全界定，合同双方先约定合同的目标成本，此时应选用（　　）。
   A. 管理合同
   B. 目标合同
   C. 标价合同
   D. 成本补偿合同

7. 【多选】根据 NEC 施工合同（ECC）文本，下列属于核心条款的有（　　）。
   A. 测试和缺陷
   B. 补偿事件
   C. 付款
   D. 提前竣工奖金
   E. 母公司担保

8. 【单选】对于英国新工程合同（NEC）系列中的工程施工合同（ECC），其核心条款所包含的内容是（　　）。
   A. 法律的变化　　　　　　　　B. 保留金
   C. 区段竣工　　　　　　　　　D. 补偿事件

考点 2　NEC 施工合同（ECC）中的合作伙伴管理理念

9. 【单选】根据 NEC 施工合同（ECC），关于"早期警告"的说法，不正确的是（　　）。
   A. 项目经理和承包商都可以向对方发出早期警告
   B. 项目经理和承包商都可以要求对方出席早期警告会议
   C. 项目经理和承包商都可以直接邀请其他人员出席早期警告会议
   D. 项目经理负责记录早期警告会议建议或决定，并于会后发给承包商

10. 【单选】根据 NEC 施工合同（ECC），关于"补偿事件"的说法，正确的是（　　）。
    A. 项目经理可以向承包商通知补偿事件
    B. 补偿事件的影响过于不明确以致无法合理预测的，应待影响明确后再行计价补偿
    C. 为消除歧义和矛盾而变更承包商提供的工程信息所发的指令不属于补偿事件
    D. 若变更由业主提供的工程信息，则按对业主最有利的解释进行计价

第四节　AIA 系列合同及 CM 和 IPD 合同模式

> **重难点：**
> 1. CM 合同模式及其类型。
> 2. 风险型 CM 合同模式的工作特点。
> 3. 风险型 CM 合同模式的合同计价方式。

考点 1　AIA 系列合同条件

1. 【多选】关于 CM 合同模式的说法，正确的有（　　）。
   A. 风险型 CM 合同采用成本加酬金的计价方式
   B. 代理型 CM 承包商负责工程分包的发包
   C. CM 合同属于管理承包合同
   D. 代理型 CM 承包商不承担项目实施风险
   E. 风险型 CM 承包商只负责施工阶段的组织管理工作

考点 2　CM 合同模式

2. 【单选】风险型 CM 合同的计价方式是（　　）。
   A. 固定总价　　　　　　　　　　B. 成本加酬金
   C. 固定单价　　　　　　　　　　D. 可调单价

3. 【多选】关于代理型 CM 合同模式的说法，正确的有（　　）。
   A. 代理型 CM 承包商在设计阶段不承担项目实施风险
   B. 代理型 CM 承包商只为业主提供咨询服务
   C. 代理型 CM 承包商在施工阶段承担项目实施风险
   D. 代理型 CM 承包商与分包单位直接签订合同
   E. 代理型 CM 承包商按保证工程最大费用值（GMP）的限制组织施工

4. 【多选】关于风险型 CM 合同模式的说法，正确的有（　　）。
   A. 风险型 CM 承包商在设计阶段为业主提供咨询服务
   B. 风险型 CM 承包商参与设计阶段合同履行的管理
   C. 风险型承包商在施工阶段与分包商签订分包合同
   D. 业主不得参与分包合同的谈判
   E. 总包与分包合同之间的差价归风险型 CM 承包商

5. 【多选】关于风险型 CM 承包商对业主委托范围的工作，下列说法正确的有（　　）。
   A. 可以自己承担部分施工任务
   B. 可以全部由分包商实施

C. 不得全部由分包商实施

D. 自己施工部分在 CM 工作范围内

E. 自己施工部分不在 CM 工作范围内

6.【单选】美国建筑师协会（AIA）合同文本中，关于风险型管理承包合同（CM）计价方式的说法，正确的是（　　）。

A. 采用成本加酬金的计价方式

B. 成本部分由承包商承担

C. GMP 一经设定，在实施过程中不得调整

D. 工程实际总费用超过 GMP 的部分由业主承担

考点 3 IPD 合同模式

7.【单选】根据美国建筑师协会（AIA）发布的 IPD（集成项目交付）合同，关于争端和索赔的说法，正确的是（　　）。

A. 争端应提交到与合同各方没有任何利害关系的争议处理委员会裁决

B. 争端应提交到业主委托任命的代表业主进行合同管理的工程师裁决

C. 合同各方应通过合同中约定的早期警告和补偿事件机制处理索赔

D. 合同各方应放弃除故意违约等情形外的对合同任何一方的索赔

8.【单选】采用集成项目交付模式（IPD）时，工程参建各方需要在（　　）阶段共同确定项目目标成本。

A. 标准设计　　　　　　　　　B. 策划

C. 详细设计　　　　　　　　　D. 施工

9.【多选】美国建筑师协会（AIA）合同文本中，关于集成项目交付模式（IPD）的说法，正确的有（　　）。

A. 合同当事方是业主和承包商

B. 若实际成本小于目标成本，则业主应将结余资金按约定的比例支付给其他参与方

C. 若实际成本超出目标成本，则业主应偿付工程的所有成本

D. 参与各方有权对其他参与方提出索赔

E. 争议处理委员会成员包括参与方的高层代表和项目中立人

参考答案及解析

第九章 国际工程常用合同文本

第一节 FIDIC 施工合同条件

考点 1 《施工合同条件》中各方责任和义务

1. 【答案】D

    【解析】选项 A 属于承包商的主要责任和义务；选项 B、C 属于业主的主要责任和义务。

2. 【答案】ABD

    【解析】工程师的主要责任和义务包括：①执行业主委托的对施工项目质量、进度、费用、安全、环境等目标监控和日常管理工作，包括协调、联系、指示、批准和决定等；②确认合同款支付、工程变更、试验、验收等专业事项等；③工程师可以向助手指派任务和委托部分权力，但工程师无权修改合同，无权免除任何一方依照合同具有的义务或责任。工程师应提前至少 72 小时将其参加试验的意向通知承包商。当工程师要求对工程量进行计量时，应提前通知承包商代表，承包商应派人员及时协助工程师进行测量并提供工程师所要求的详细资料。

3. 【答案】B

    【解析】选项 A 错误，工程师受业主委托授权，为业主开展项目日常管理工作，属于业主方人员。选项 B 正确，选项 C 错误，工程师应履行合同中赋予的职责，行使合同中明确规定的或必然隐含的赋予的权力。选项 D 错误，应保持公平（Fair）的态度处理施工过程中的问题。

考点 2 《施工合同条件》典型条款分析

4. 【答案】A

    【解析】承包商可在其认为工程即将竣工并做好接收准备的日期前不少于 14 天，向工程师发出申请工程接收证书的通知。

5. 【答案】B

    【解析】承包商应从开工日期起，承担照管工程、货物、承包商文件的工程照管责任，直到颁发工程接收证书之日止。

6. 【答案】D

    【解析】业主和承包商双方应在规定的日期前联合任命 DAAB 成员，分摊酬金。

7. 【答案】ABE

    【解析】选项 C 错误，承包商应向业主方人员提供一切机会配合检查，但此类活动并不免除承包商的任何义务和责任。选项 D 错误，再度试验应按相同条款和条件重新进行。

8. 【答案】DE

   【解析】计量方法无论当地有何惯例,在计量上:①永久工程每项工程计量方法应按合同数据表中规定的方法,若无规定,则按符合工程量表或其他适用的明细表中的规定;②对永久工程每项工程应以实际完成的净值计算,不考虑膨胀、收缩或浪费。

9. 【答案】ACE

   【解析】选项B错误,如合同中无某项内容,应取类似工作的费率或价格。选项D错误,若同时满足以下4个条件,可对该项工作规定的费率或价格加以调整:①合同中没有规定此项工作为固定费率;②此项工作测量的工程量和工程量表或其他报表中规定的工程量相比变动超过10%;③工程量的变动与费率的乘积超过了中标合同额的0.01%;④工程量的变动直接导致该项工作每单位成本的变动超过1%。

10. 【答案】D

    【解析】选项A错误,"不可预见"指一个有经验的承包商在提交投标书日期前不能合理预见的风险。选项B错误,承包商在投标时将风险限制在"可预见的"范围内,业主获得的应是承包商未考虑不可预见风险的正常标价和施工方案。选项C错误,不可预见的物质条件不包括气候条件。

11. 【答案】D

    【解析】选项A错误,从开工日期起,承包商承担工程照管责任,直到颁发工程接收证书之日止。选项B错误,在承包商负责照管期间,因合同规定的业主风险以外的原因导致工程、货物或承包商文件发生任何损失或损害,承包商应自行承担风险和费用予以修复。选项C错误,颁发工程接收证书后,工程照管责任虽移交给业主,承包商仍应对其扫尾工作承担照管责任。

12. 【答案】C

    【解析】工程师在承包商提交接收申请28天内未答复,若工程达到了4个条件(①工程已按合同竣工,并通过竣工试验;②承包商对按合同要求提交的竣工记录没有给出反对通知;③承包商对按合同要求提交的操作与维护手册没有给出反对通知;④承包商完成了合同要求的培训工作),即视为工程已在工程师收到承包商的申请通知后的第14天竣工,且被视为已颁发了工程接收证书。

13. 【答案】A

    【解析】选项B错误,如果在工程接收证书颁发前业主确实使用了工程的任何部分,若承包商提出要求,工程师应为此部分颁发工程接收证书。选项A正确,选项C错误,该使用的部分应视为自开始使用之日起已被业主接收;承包商应从该开始使用之日起停止对该部分的照管责任,转交给业主承担。选项D错误,如果因业主接收或使用该部分工程而使承包商增加费用,承包商应通知工程师并有权提出费用及利润索赔。

14. 【答案】A

    【解析】选项B错误,赔偿总额不得超过合同中规定的误期赔偿费的最高限额。选项C错误,除在工程竣工前根据由业主终止的规定终止的情况外,这些误期赔偿费应是承包商"为此类违约"应付的唯一赔偿费。选项D错误,支付误期赔偿费并不能免除承包商完成工程的义务或合同规定的其他责任和义务。

15. 【答案】A

【解析】DAAB 由具有适当资格的一人或三人组成；成员与业主、承包商及工程师没有利害关系，是真正意义上的第三方。任一方对 DAAB 的决定不满，可以在收到该决定通知后 28 天内，将其不满向另一方发出通知。

16. 【答案】B

【解析】除非并直到该决定在友好解决或仲裁后做出修改，该决定对双方具有约束力。双方应在仲裁前，尽力以友好协商的方式解决争端。在仲裁结束前，按 DAAB 的决定执行。

第二节　FIDIC 设计采购施工（EPC）/交钥匙工程合同条件

考点 1　《设计采购施工（EPC）/交钥匙工程合同条件》及各方责任和义务

1. 【答案】DE

【解析】选项 A、B 错误，交钥匙工程，该模式下业主只选定一个承包商，由承包商根据合同要求，承担建设项目的设计、采购、施工及试运行，向业主交付一个建成完好的工程设施并保证正常投入运营。选项 C 错误，选项 D 正确，业主选择 EPC 合同多有如下考虑：期望工程总造价固定、不超过投资限额、项目风险大部分由承包商承担。选项 E 正确，根据合同，业主应任命一名"业主代表"代表业主进行日常管理工作，业主方应将业主代表的姓名、地址、职责和权力通知给承包商。

2. 【答案】B

【解析】承包商应在开工日期后 28 天内向业主提交一份进度计划。

考点 2　《设计采购施工（EPC）/交钥匙工程合同条件》典型条款分析

3. 【答案】B

【解析】根据《设计采购施工（EPC）/交钥匙工程合同条件》，合同文件的组成及其优先解释次序是：①合同协议书；②专用合同条件；③通用合同条件；④业主要求；⑤明细表；⑥投标书；⑦联合体保证（如投标人为联合体）；⑧其他组成合同的文件。

4. 【答案】BCD

【解析】进度计划应包括承包商计划实施工程的工作顺序，例如工程各主要阶段的预期时间安排、各项检验和试验的顺序和时间安排。

5. 【答案】C

【解析】《设计采购施工（EPC）/交钥匙工程合同条件》中合同文件的组成及其优先解释次序是：①合同协议书；②专用合同条件；③通用合同条件；④业主要求；⑤明细表；⑥投标书；⑦联合体保证（如投标人为联合体）；⑧其他组成合同的文件。

6. 【答案】ABE

【解析】合同文件的组成包括：合同协议书、专用合同条件、通用合同条件、业主要求、明细表、投标书、联合体保证以及其他组成合同的文件。

7.【答案】ABD

【解析】选项C错误，业主代表应被认为具有业主方根据合同规定的全部权力（终止合同的权力除外）。选项E错误，承包商具有选择分包商的更大自主权。

8.【答案】ABC

【解析】业主应对"业主要求"及业主提供信息的下列部分的正确性负责：①在合同中规定的由业主负责或不可改变的部分、数据和资料；②对工程的预期目标的说明；③工程竣工的试验和性能标准；④承包商不能核实的部分、数据和资料，除非合同另有规定。

9.【答案】ACE

【解析】承包商有权提出要求延长竣工时间的索赔的情形有：①根据合同变更的规定调整竣工时间；②根据合同条件承包商有权获得工期顺延；③由业主或在现场的业主的其他承包商造成的延误或阻碍。下列两种情形的后果均由承包商承担：①异常不利的气候条件；②由于流行病或政府行为导致的不可预见的人员或货物的短缺。

10.【答案】AC

【解析】选项B错误，采用总价合同。选项D错误，异常不利的气候条件造成的后果由承包商承担。选项E错误，在业主收到最终正式的操作与维护手册前，不能认为工程已按合同规定的接收要求竣工。

第三节　NEC施工合同（ECC）及合作伙伴管理

考点 1　NEC施工合同（ECC）的内容组成

1.【答案】BC

【解析】主要选项条款是对核心条款的补充和细化，使用者应根据需要选择适用的条款。对于主要选项条款，可在如下6个不同合同计价模式中选择一个适用模式（且只能选择一项），将其纳入合同条款之中：选项A，带有分项工程表的标价合同；选项B，带有工程量清单的标价合同；选项C，带有分项工程表的目标合同；选项D，带有工程量清单的目标合同；选项E，成本补偿合同；选项F，管理合同。

2.【答案】ACD

【解析】NEC施工合同（ECC）的组成内容主要包括核心条款、主要选项条款、次要选项条款。

3.【答案】D

【解析】NEC施工合同（ECC）核心条款是施工合同的主要共性条款，包括：总则；承包商的主要责任；工期；测试和缺陷；付款；补偿事件；所有权；风险和保险；争端和合同终止等9条。其构成了施工合同的基本构架，适用于施工承包、设计施工总承包和交钥匙工程承包等不同模式。

4.【答案】C

【解析】标价合同适用于签订合同时价格已经确定的合同。管理合同适用于施工管理承包。目标合同适用于订立合同时拟建工程范围还没有完全界定或预测风险较大的情况。

成本补偿合同适用于工程范围的界定尚不明确，甚至以目标合同为基础也不够充分，而且又要求尽早动工的情况。

5. 【答案】BE

   【解析】次要选项条款包括：履约保证；母公司担保；支付承包商预付款；承包商对其设计所承担的责任只限运用合理的技术和精心设计；多种货币；通货膨胀引起的价格调整；区段竣工；保留金；提前竣工奖金；工期延误赔偿费；功能欠佳赔偿费；法律的变化。核心条款包括：总则；承包商的主要责任；工期；测试和缺陷；付款；补偿事件；所有权；风险和保险；争端和合同终止。

6. 【答案】B

   【解析】目标合同适用于在签订合同时工程范围尚未确定，合同双方先约定合同的目标成本，当实际费用节支或超支时，双方按合同约定的方式分摊。

7. 【答案】ABC

   【解析】核心条款包括：总则；承包商的主要责任；工期；测试和缺陷；付款；补偿事件；所有权；风险和保险；争端和合同终止。

8. 【答案】D

   【解析】工程施工合同（ECC）的核心条款包括总则、承包商的主要责任、工期、测试和缺陷、付款、补偿事件、所有权、风险和保险、争端和合同终止等9条，构成了施工合同的基本框架。

考点 2 NEC 施工合同（ECC）中的合作伙伴管理理念

9. 【答案】C

   【解析】选项C错误，项目经理和承包商都可以要求对方出席早期警告会议，每一方都可以在对方同意后要求其他人员出席该会议。

10. 【答案】A

    【解析】选项B错误，补偿事件的影响过于不明确以致无法合理预测的，应先以假定条件对补偿事件计价，事后若此假定条件有误，再予修改。选项C错误，为消除歧义和矛盾而变更工程信息（不论哪方提供的）所发的指令属于补偿事件。选项D错误，若变更由业主提供的工程信息，则该补偿事件的影响按对承包商最有利的解释进行计价。

第四节 AIA 系列合同及 CM 和 IPD 合同模式

考点 1 AIA 系列合同条件

1. 【答案】ACD

   【解析】选项B错误，对于代理型CM合同模式，CM承包商只为业主对设计和施工阶段的有关问题提供咨询服务，不负责工程分包的发包，与分包单位的合同由业主直接签订，CM承包商不承担项目实施的风险。选项E错误，风险型CM承包商的工作内容包括施工前的咨询服务和施工阶段的组织管理工作。

考点 2 CM 合同模式

2. 【答案】B

   【解析】风险型 CM 合同采用成本加酬金的计价方式，成本部分由业主承担，CM 承包商获取约定的酬金。

3. 【答案】AB

   【解析】代理型 CM 承包商只为业主对设计和施工阶段的有关问题提供咨询服务，不负责工程分包的发包，由业主与分包单位直接签订合同，代理型 CM 承包商不承担项目实施的风险。代理型承包商不负责组织施工。风险型 CM 合同模式保证工程最大费用（GMP）的限定。

4. 【答案】AC

   【解析】风险型 CM 承包商在设计阶段为业主提供咨询服务但不参与合同履行的管理。风险型 CM 承包商签订的每一个分包合同均对业主公开，业主可以参与分包合同的谈判，业主按分包合同约定的价格支付，风险型 CM 承包商不赚取总包与分包合同之间的差价。

5. 【答案】ABE

   【解析】风险型 CM 承包商对业主委托范围的工作，可以全部由分包商实施，也可以自己承担部分施工任务。但自己施工的部分属于施工承包，不属于 CM 的工作范围。

6. 【答案】A

   【解析】选项 B 错误，成本部分由业主承担。选项 C 错误，在实施过程中 GMP 可以调整。选项 D 错误，当工程实际总费用超过 GMP 时，超过部分由风险型 CM 承包商承担。

考点 3 IPD 合同模式

7. 【答案】D

   【解析】在争端处理方面，IPD 模式下任何一方提出的争议应提交到由业主、设计单位、承包商等参与方的高层代表和项目中立人所组成的争议处理委员会协商解决，项目中立人由参与各方共同指定。在索赔方面，参与各方应放弃任何对其他参与方的索赔（故意违约等情形除外）。

8. 【答案】A

   【解析】标准设计阶段实施内容：确定各阶段工作任务，参与各方共同制定项目定义，确定项目目标成本，开始执行目标标准修正案。

9. 【答案】BE

   【解析】选项 A 错误，由业主、设计单位、承包商（还可包括供应商、分包商）共同签署一份合同（AIA C191），形成多方合同型 IPD（集成项目交付）模式。选项 C 错误，若项目实际成本超出目标成本，根据合同约定，业主可选择偿付工程的所有成本，包括设计单位和承包商人员的工资，也可选择只支付材料、设备和分包成本，不再偿付任何单位的人员成本。选项 D 错误，参与各方应放弃任何对其他参与方的索赔（故意违约等情形除外）。

亲爱的读者：

如果您对本书有任何 感受、建议、纠错，都可以告诉我们。

我们会精益求精，为您提供更好的产品和服务。

祝您顺利通过考试！

扫码参与问卷调查

环球网校监理工程师考试研究院